U0179513

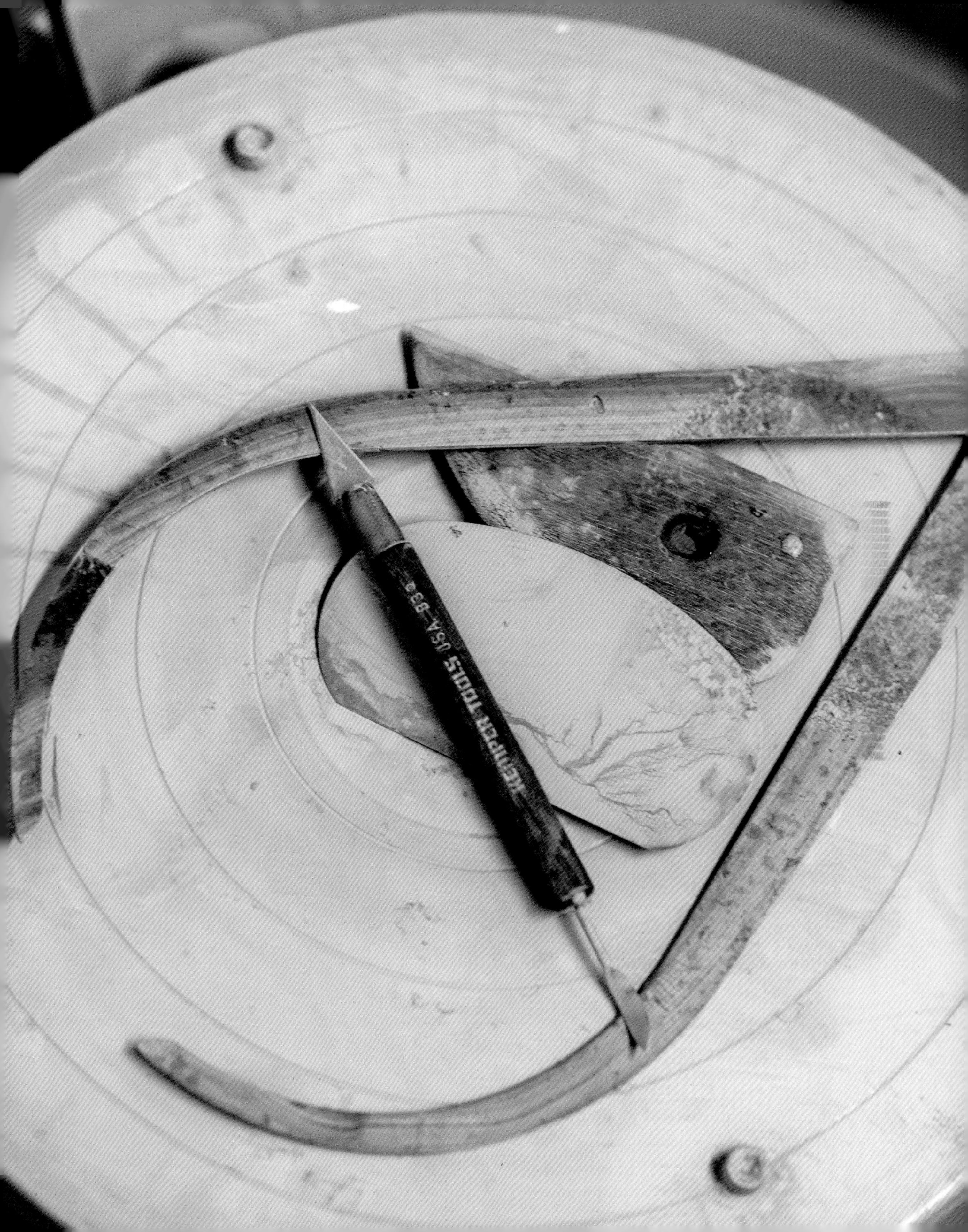
KEMPER TOOLS USA

灵感工匠系列 8

陶瓷拉坯成型法

技法讲解、妙招诀窍、改良拓展

[美] 本・卡特（Ben Carter） 著

王 霞 译

上海科学技术出版社

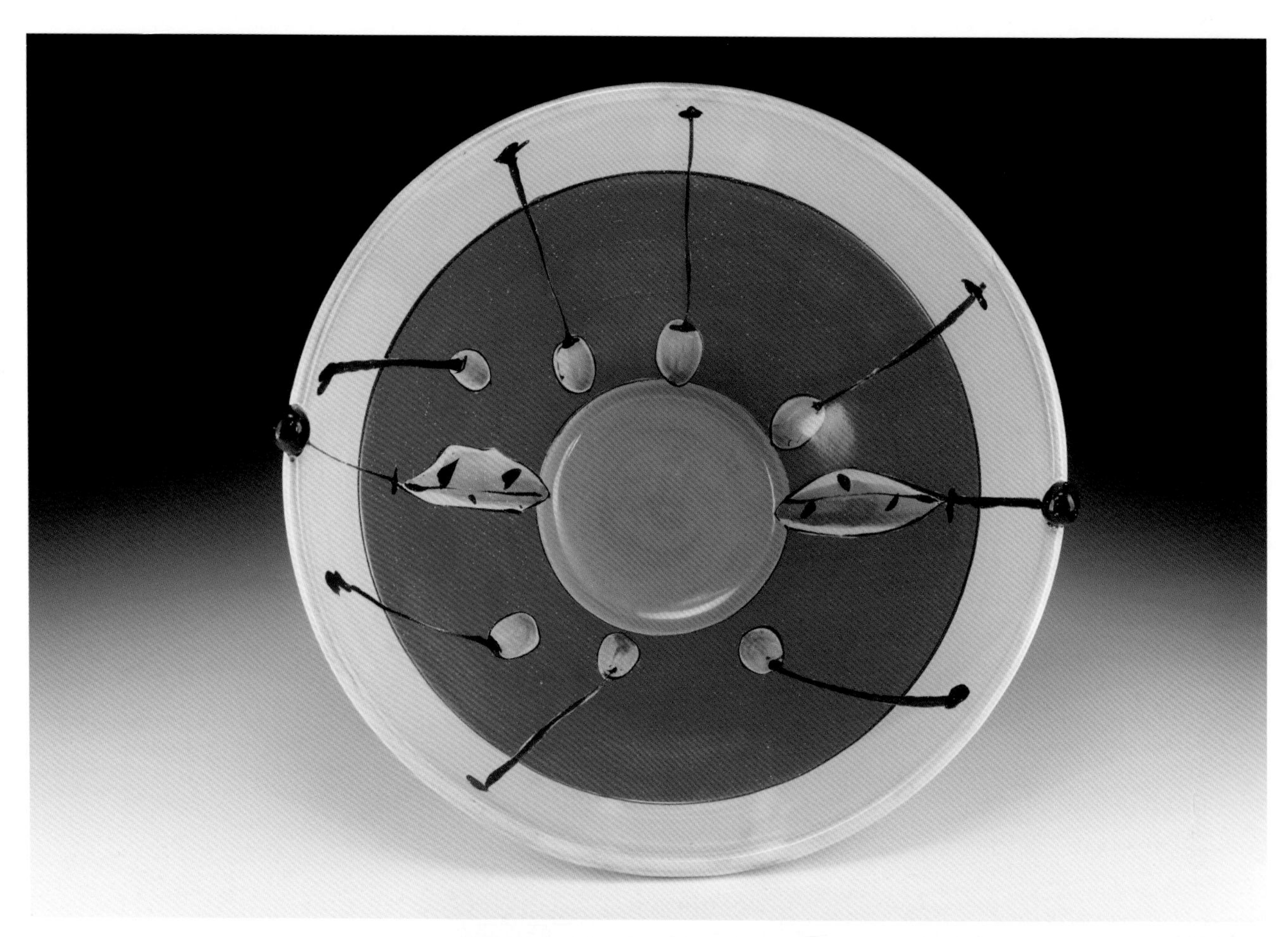

上图：琳达·阿巴克（Linda Arbuckle）碗。照片由艺术家本人提供。

下图：琳达·阿巴克（Linda Arbuckle）杯子。照片由艺术家本人提供。

前　言

拉坯成型法带给观众的视觉感受非常神奇，在高速旋转的拉坯机转盘上将一块黏土塑造成某种器型，这完全就是一门艺术。作为拉坯者本人，由于其大脑、眼睛与双手三者之间已然神奇地连接为一个整体，所以潜意识转化为隐性的肢体技能不足为奇。就像绘画、演奏乐器、打字或者驾驶手动挡汽车一样，经过练习之后，你的大脑会从思考如何去做以及做什么转变为由身体自由调节的状态。当你想拉制一个器型时，双手会自然而然地操作，在此期间并不需要思考其具体操作步骤。你可以仅凭眼睛和双手完成全部工序，而大脑则处于休眠状态。对于绝大多数拉坯成型法的初学者（或者意欲创作出某种新器型的有经验的拉坯者）而言，这种“肢体知识”的形成并不是一蹴而就的，它需要在漫长的、反复的练习过程中逐渐转化得来。

然而，当你在拉坯成型的过程中完成了从大脑到眼睛以及双手的转变之后，还需要再做一次翻转——思考设计创作的器型会以怎样的方式服务于其使用者或观赏者。当器型完成之后，只有通过进一步的思考和分析才能令其具有真正的价值。借助肢体技能成型，之后通过思考做出适当的取舍，这是一项既有趣又充满挑战性的工作。黏土材料以及拉坯者本人的观念都能为作品增添诸如思考性以及计划性等其他方面的维度。就拉坯成型法而言，尽管过程和技法也极为重要，但我个人始终认为，饱含着创作者想法的作品要远远优于那些单纯依靠技法而存在的作品。换句话说，拉坯成型法需要创作者借助自身的洞察力协调器型的各个组成部分，以此展现出其最大魅力，这也是拉坯成型法的乐趣所在。

我认识本·卡特（Ben Carter）是在2004年，他来佛罗里达大学攻读陶艺专业硕士研究生的时候参与了一系列艺术家驻场项目，获得佛罗里达大学艺术学硕士学位，在美国本土以及海外做演讲。他在知名的播客节目中采访众多艺术家，他的理念得到更新，技能得到大幅提升。2010—2012年，他受聘于中国上海乐天陶社，担任教育总监一职，在这2年中，他的工作能力、对陶瓷历史知识的了解以及对日用陶瓷产品的创作感悟飞速增长。本·卡特对于器型、技法、创作步骤，以及创作思路具有宏观的认知，这种认知极大拓展了他对拉坯成型法的敏感性。

深度了解拉坯成型法令他成为一位全能型教师以及一位详细介绍拉坯成型法的作家。阅读他的书籍你会发现，书中讲解的大量细节知识以及例证无论是对于拉坯成型法的初学者还是对于那些有一定经验的拉坯从业者而言，都会有所收益。在尝试书中的课题以及训练方法时，你会有种经历拉坯之旅的感受，而旅途的目的地往往都是些出乎意料的未知所在。各位读者，尽情享受你的发现之旅吧！

琳达·阿巴克（Linda Arbuckle）

目　录

第一章：

基础知识

无论是刚刚开始学习拉坯成型法的新人还是在此领域颇有经验的行家，本章介绍的全新观念都将令你的工作习惯甚至是整个人生态度上升到一个全新的高度！本章涉及的内容除了拉坯成型法所必备的工具、原材料，以及创建个人工作室所需要考虑的种种事项之外，还会向大家介绍工作室安全、人体力学知识，以及各类拉坯方法。各位读者不妨将上述因素想象成一个三角凳的三条凳腿，去掉其中任何一条凳腿，你的工作都将变得很不稳定而且很难再次达到平衡。

多年以来，我一直在各种各样的陶艺工作室创作，这些工作室的规模有大有小，虽然每一个工作室都有其显著的个性，但同时它们又具有某些共性。我发现所有成功的个人工作室都有一个之前完全没有被人们预料到的共同点，那就是工作室的整洁程度。那些生产效率最高的工作室即便是工作日也都安排了清洁工作。我从中领悟到一点——清洁不仅仅与我们的个人健康密切相关，它同时也与生产效率密切相关。对于陶艺工作室而言，其创建者在规划空间时越是深思熟虑，其作品的美学及商业价值就越高。

本章中间部分将深入探讨人体力学的有效性和正确的拉坯姿势。讲解这些信息旨在帮助大家了解拉坯成型法对人身体各个部位的影响。从事拉坯工作的人在拉坯机前一坐就是几个小时，脊柱、神经、肌肉会因此遭受到严重伤害。我将讲解正确的拉坯姿势以及一些相应的练习方法，它们有助于纠正你目前存在的不良习惯。长期忍受腰酸背痛无法成为一名好的陶艺从业者，建议每隔半年时间重读一次本章节中介绍的知识，将你与拉坯机之间的互动方式做一次微调。

除此之外，本章还将介绍适用于拉坯成型法的黏土类型，这部分内容即便是对于颇有拉坯经验的行家来讲也是很值得一读的。我想让各位同行深入思考一下，在拉坯的过程中，所选用的黏土是怎样影响你的触觉以及审美的。举例来讲，由于多年以来我一直在用瓷泥拉坯，其“挑剔”的特性已经在我的脑中根深蒂固，所以近年来即便是我改用赤陶泥拉坯，先前养成的习惯仍旧在潜移默化地影响着我。

工作室安全

提到陶艺工作室的安全问题，不妨牢记这个成语——因果报应。我们当下的行为和我们未来的处境之间具有因果关系。在工作室内终日劳作，忽视安全问题，看似可以节省不少时间，但这种行为会以蚕食你的身体健康作为长远的代价。身体是你最好的工具，只有将它保护好了才能在未来的岁月里充分享受快乐及健康的创作生涯。本章节的目标是帮助你建立起注重健康的意识以及方式，无论是在工作室内还是在工作室外，它都是你未来生活质量的有力支撑。

减轻二氧化硅粉尘

关于陶艺工作室的安全问题，首要目标是减少二氧化硅粉尘和其他肺部刺激物。作为黏土和釉料的核心成分，二氧化硅在陶瓷工艺的所有阶段均存在。这种物质尽管在触摸时是无害的，但是一旦它进入你的肺部，其危害性就会逐渐显露出来。在充斥着二氧化硅粉尘的环境中长时间劳作会染上肺气肿样疾病，医学上将其称为硅肺病。

当你在工作室里劳动，挪动装满黏土的袋子或配制釉料时，很容易扬起尘土。每当此时，你的直觉会告诉你应当远离灰尘，待其消散殆尽之后再靠近。通常情况下大家都觉得这样做就可以了，但是这种做法却暴露了我们对灰尘的误解。包含在二氧化硅及其他肺部刺激物中的最有害成分并不是那些漂浮在空气中的细微尘土，真正有害的物质用肉眼是看不见的。由于它们具有微观属性，有害物质的粒子可以轻易地在你的工作室的空气中漂浮几个小时甚至几天时间。为了维护安全且无尘的工作环境，建立一套减轻粉尘的工作室制度非常重要。

无论哪个陶艺工作室，维护黏土安全的最基本原则是避免清扫或者移动黏土干粉。移动黏土干粉的最佳方

谈及二氧化硅粉尘，首先出现在你脑海中的或许不是修坯，但倘若将干透的修坯废料进一步碎片化，黏土干粉就会漂浮到空气中。

法是将其转化为水合物，或者将其放入密封的容器中。用拖把比用笤帚更有效、更安全，其原因是前者会将水和黏土颗粒结合在一起，进而令其无法飘散到空气中。擦拭拉坯机的转盘或者工作室里的桌面时，最好使用湿海绵而不是干抹布。飘散在空气中的二氧化硅越少，其侵入你肺部的可能性就越小。

在回收修坯废料的过程中很容易扬起灰尘。由于这些黏土块的体量比较大，人们很容易忽视其危害性。实际上每当你接触这些修坯废料时，都会不可避免地将其进一步碎片化，这些细小的粉碎物会飘散在空气中。最佳的回收时机是在修坯废料处于半干状态时，彼时它们不太可能分解成粉尘并飘散在空气中。干透的黏土颗粒是极其危险的物质，必须回收时可以借助一块湿布把它们收集到一个装水的桶里。

在进行诸如清洁工作室、制备釉料，以及混合黏土等需要接触干黏土颗粒的工作时，可以通过佩戴防尘面具的方式来保护肺部。尽管五金店里出售很便宜的一次性口罩，但我建议你购买一个可以更换滤芯的工业防尘面具。N-95 型工业防尘面具特别适用于陶瓷生产。后文中会介绍更多有关这种防尘面具的信息。

假如你将陶艺作为终生职业的话，建议你购买一套专门针对二氧化硅的空气过滤系统。前期投资成本看起来较高，但从长远角度来看，你会在未来的岁月中节省很多医疗开支。在此我想提出一个适用于陶艺工作室安全的一般原则：若是此刻就把时间和金钱投入到健康上，那么未来你将会节省出大量的工作时间和医疗消费。身体是你最好的工具，必须像爱护豪车一般爱护它。在你的职业生涯中，每天抽出 5 分钟的时间做一下日常维护工作并非难事，所获得的健康奖励将令你受益终生。

处理有毒原料

关于陶艺工作室的安全问题，另一个需要注意的方面是处理有毒原料。前文介绍了如何减轻粉尘，现在我想就可溶性原料集中讲解一下。由于这类污染物具有可溶性，所以它们可以通过皮肤侵入你的身体内部。釉料实验室中含有大量可溶性有毒原料，它们是构成着色剂或者助熔剂的主要成分。因为拉坯成型法才是本书的重点介绍对象，所以我并不会在此方面花费过多时间，但即便如此，对于那些剧毒原料我还是想强调一下。关于配釉原料毒性的详细介绍，我建议大家阅读一下约翰·布里特（John Britt）的著作《中温釉料完全指南》。

陶艺工作室里的某些原料是需要时刻注意的。这类原料就如同一个过度活跃的青少年一般，既会给你带来快乐，又会在你未加留意时失去控制。这类原料包括铬、锰、铜、钒，以及其他一些可溶性重金属着色剂。应当把它们保存在硬质塑料容器中，避免溢出时产生不必要的污染。在上述原料当中，锰可能是唯一一种拉坯成型法直接接触的原料。许多颜色较深的黏土中都含有一定比例的锰，锰令这类黏土呈现出丰富的颜色变化。假如选用这类黏土创作陶艺作品的话，建议在成型的过程中佩戴橡胶手套。除此之外，在烧窑的过程中也要特别注意一下，确保不要让窑炉内部的烟气流入工作室。对于那些需要经常烧窑的人而言，建议在工作室外安装一套窑炉排气设备。

在绝非必要的情况下，有些陶瓷原料能免则免，例如铅、铀、钡、镉，以及有色硫酸盐。或许其毒性有大有小，但我建议大家避免使用这类原料的主要原因是日益发展的陶瓷技术已然为我们提供了更加安全、更容易让人接受的替代产品。切记不要以身试毒。应多了解有关有毒原料的最新替代产品。

拉坯姿势

本节最后一项要介绍的安全问题是正确的拉坯姿势，姿势不当极可能导致身体因重复性运动而受到损伤。在陶艺师的职业生涯中，姿势正确与否是一个经常被忽视和低估的问题，但事实上对于许多同行来说，健康状况需要你的持续关注。几年前，我就因为拉坯姿势不正确和不良的工作习惯而患上了慢性背痛。后来经过多次的脊椎指压治疗、按摩治疗，以及其他相关医学领域的专业治疗才得以康复，从那时起我意识到必须对自己与拉坯机之间的互动方式做出一番改变才行。

我的第一项变革是在拉坯机的底足下垫上几块窑砖来提升其高度，这样在拉坯的时候脊柱就不会像之前那么弯曲了。可以通过坐在椅子上拉坯时是否感到舒适来判断拉坯机的高度是否理想。椅子面应该足够高，坐上去之后膝盖应当与臀部平行或者略低于臀部。坐在椅子上拉坯时后背应当是直的，手臂弯曲成 90°，很自然地放于身体两侧。拉坯机的转盘高度应该比你的前臂低大约 2.5 cm。此高度可以令你不必弓起背部就能在身前自如地操纵双手。我曾见过有些同行背靠着墙壁，采用后背完全笔直的姿势拉坯，我觉得这种方式很值得大家学习。

当坐在拉坯机前时，注意力应高度集中，身体始终保持前倾的姿势。随着时间的推移，胸肌和腹肌会收紧，长此以往会导致你即使自认为是笔直地站立着，躯干也会呈现出微微前倾的姿态。很多同行的下背部出现问题就是从这一刻开始的。为了纠正背部错位，需要锻炼肌肉并有意识地去转变这种状况。在拉升腹肌的同时强化下背部及上背部的肌肉，只有这样才能使躯干恢复成原有的姿态。下面将介绍一些旨在加强背部肌肉强度，同时鼓励采用直立姿势拉坯的练习。建议大家每周参加一次瑜伽课程或者普拉提健身操课程，这类课程会令你获取职业生涯所必需的核心力量——健康。

除了后背之外，另外一个有可能出现健康问题的部位是颈部及斜方肌。在拉坯的过程中，人们绝大部分时间需要俯视拉坯机的转盘。这个姿势会令颈部和上背部长时间处于紧绷状态，工作一天下来真的是非常痛苦。为了将其危害性降到最低限度，我特地把俯视拉坯机转盘的时间和其他让我保持抬头作业的时间做了一番平衡。在装饰器型的过程中，我会把作品放在桌子上，把手肘放在桌面上。在器型的外表面上绘制或者雕刻纹饰的时候，我会将其放在一个垫高了的陶艺转盘上，让作品的中心与我的躯干中心两相齐平。如此一来，采用平视角度就可以集中注意力进行创作。除此之外，我会每隔 20 分钟站起来活动一下身体，活动时间大约 3 分钟。无论创作什么类型的作品，我都会尽力做到这一点。再次坐到拉坯机旁之前，通过站立令身体重新恢复到自然的状态。

除了需要关注背部健康之外，还应该考虑一下手在成型过程中所起到的作用。塑型时的施力程度取决于所选用的黏土的硬度。在我初学拉坯成型法的时候，被告知拉制高大器型的捷径是使用较硬的黏土。这种做法有些时候确实会奏效，但同时也需要手腕和手臂施加更多的力量。仅仅几年之后，我就患上了腕管综合征。感谢推拿疗法令我手腕上的骨头重新回归到了原有的位置，这件事让我开始重视手腕健康。现在我尽量使用最软的黏土拉坯。在保持黏土可塑性的前提下合理掌控拉坯机，将身体所承受的压力降至最低，你会发现这样做也完全可以创作出任何一种你想要的器型。有些时候，为了让大体量作品呈现出某种曲线，我会先用吹风机或者喷灯将器型上的某一部分烘烤一下，之后在此基础上继续塑型，直到得到满意的器型为止。与选用较硬的黏土拉坯相比，现在我更倾向于先局部烘干器型之后再逐步塑型的创作形式。

要想在陶艺领域获得成功，首先必须找到一种与你最感兴趣的作品类型相适宜的身体运动模式。假如在创作的过程中你的身体健康遭到了损害，那么即便是拉制出了非常漂亮的器型，这样的成功也是有缺憾的。掌握拉坯成型法不能以牺牲身体健康为代价。

注意事项：关于如何保持背部健康详见后文相关内容，共包括三种锻炼项目。

锻炼

某些同行此刻或许正在遭受着背痛的折磨，背痛会影响工作效率以至于令你无法享受创作的快乐。请放心，我将在本书中教大家如何无痛苦地制陶。掌握拉坯成型法不一定非要经历痛苦。你现在需要做的是努力消除这样一种错误观念——在学习陶艺的过程中，痛苦是一个必不可少的组成部分。要知道痛苦只是一种不必要的不良技术的副产品，在练习拉坯的过程中仅需要投入一点努力和专注就可以免除病痛的困扰。

在正式开始锻炼之前，我想先谈一谈剧痛与钝痛之间的区别。在进行下述锻炼项目的过程中，你可能会感到钝痛（隐隐作痛），就像某人正在拉你的肌肉。这是一种正常的感觉，其出现原因是你正在做的动作会拉伸你的肌肉和肌腱。然而，剧痛却是不正常的。假如你感觉到某人正在用锋利的东西戳你，那么你会立刻后退。遇到这种情况时，可以把你的动作幅度调整一下以便消除剧痛，但不要停止动作。

这套锻炼动作可以作为拉坯前或者午休时的热身运动。我所遵守的规则是在日程表中坚持每天进行一组锻炼，而后每当这个想法出现在我的脑子里时再额外增加一组锻炼。当我想到“我需要锻炼了”的时候，就会停下手中的工作立刻进行锻炼。经验告诉我，拖延症通常意味着一事无成。

假如此刻你还没有读过后文中罗恩·施密特（Ron Schmidt）医生撰写的关于脊柱定位的专题，那么请你立刻翻到相关章节认真阅读一下。他以言简意赅的方式解释了脊柱错位是如何形成的，又是如何转变为疼痛的。就此方面他也提出了一些锻炼建议，可以将其融入你的日常工作之中。除此之外，建议大家阅读一下埃里克·古德曼（Eric Goodman）医生提出的“基础锻炼养生法”以及休·希茨曼（Sue Hitzmann）撰写的《身体柔韧方法》，上述两位作者在加强人体背部力量以及柔韧性方面提供了更多的信息。

用砖块将拉坯机垫高一些，可以使你的坐姿端正，脊柱处于中立放松姿态。这种方法可以起到保护椎间盘的作用，尽可能减少你职业生涯中的病痛。

接下来我将向各位读者详细介绍一系列伸展运动锻炼方法，通过打开胸腔和伸展腹肌来帮助你调整静止不动时的脊柱排列状态。在拉坯的过程中，身体长时间前倾会导致上述两处肌肉群持续收紧。为了纠正你此时可能已经养成的错误习惯，以及避免将来可能出现的健康问题，必须在集中精力放松身体前部的同时加强背部肌肉的锻炼。每天只需要做 15 分钟的伸展锻炼，就可以保证你很多年不疼痛。

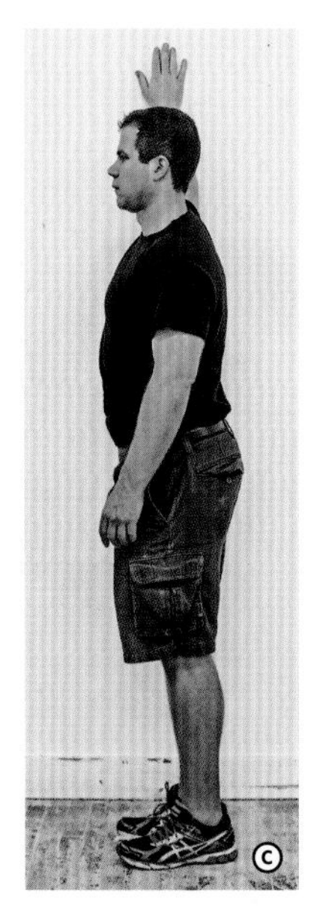

天使之翼

该锻炼动作可以在拓展胸腔的同时提升肩部肌肉的强度。首先，背靠墙壁站好，双臂举至与肩膀齐平的高度，手肘向上弯曲成 90°（图 A）。尽量放松肩膀，不要提肩。接下来，将双手举过头顶，手肘保持弯曲的姿势，整个人看上去就像孩子们在雪地里堆的天使雪人一样（图 B）。在向上移动双手的过程中，让你的手指始终轻轻地靠在墙壁上。即便你举高的双手无法相互碰触也没关系。当你把双手举过头顶的时候，你会感到肩膀、手臂，以及胸部都得到了充分的伸展。重复上述动作，5 次一组，共做 10 组。

开笼

该锻炼动作亦有助于在打开胸腔的同时锻炼肩部肌肉。

首先，身体侧部挨墙壁站好，同时抬起与墙壁相邻那一侧的手摸墙壁。肘部弯曲成 90°，手心朝向墙壁（图 C）。做这个动作的时候，你会感到前胸得到了充分的伸展。假如你感到肩膀紧绷的话，请保持这个姿势不动，同时适度深呼吸，直到肌肉放松为止。

接下来，将与墙壁相邻那一侧的腿向前跨出约 15 cm，与此同时，同侧手臂仍旧保持着垂直摸墙壁的动作不变（图 D）。再之后，将另一只脚向前跨出，使双脚并拢于一处，此时你先前抬起的那只手臂仍旧放在墙壁上（位于你的身体后侧）（图 E）。如果你觉得胸部的伸展程度还不够大，那么你可以将迈步的幅度再加大一些。在做上述伸展动作的时候，尽量不要扭动躯干，其原因是保持躯干笔直会增加胸腔的伸展程度。保持上述动作不变的同时中度深呼吸，吸气和呼气交替进行，20 次为一组。最后，换另一侧手臂及另一侧腿重复上述伸展动作。

仰天（备选锻炼项目）

该锻炼动作有助于在伸展腹肌的同时强化下背部肌肉。

在我所要介绍的三个锻炼项目中，这种从瑜伽动作中借鉴而来的姿势最具挑战性，对于那些此时正在遭受背痛困扰的人来说锻炼强度或许有些太大了。在做这些动作的时候，建议把速度放慢一些，通过调整呼吸来减轻伸展运动所带来的钝痛，同时也要注意避开运动带来的剧痛。该锻炼动作的最大优点是它能全方位地锻炼你的躯干下部肌肉。这是一项综合性的强化和伸展运动，

对缓解下背部的紧张状态十分有益。

首先，站在一张结实的桌子前面，桌子的上表面与臀部齐平。双手手心向下按在桌面上，同时向后迈一小步（图 F）。放松肩胛骨，让它们处于非常自然的休息姿势。接下来，将另外一只脚也向后迈一小步，使双脚处于平行位置，从脚跟到头部呈一条直线，脊柱呈中立的啮合结构（图 G）。做这个动作时，你会感到小腿肌肉和腹肌有所伸展。如果可能的话，保持这个姿势不动同时做几次深呼吸，直到你的肌肉放松为止。

再接下来，保持脚部着地以及眼睛向前平视的姿势，同时臀部肌肉用力，让臀部朝桌子方向移动。该动作将会令你的身体向后弯曲拉伸（图 H）。你可以将胯部靠在桌子作为支撑，通过改变脚与桌子之间的距离来调整身体的伸展程度。对于那些颈部没有问题并想要进一步伸展身体的人而言，可以仰起头向后看。保持这个姿势不变同时做 3 次深呼吸，之后放松身体并使脊柱恢复到先前的中立啮合结构。重做上述动作并做 5 次深呼吸，之后放松身体使脊柱恢复到先前的中立啮合结构。最后一次做上述动作时做 7 次深呼吸，之后放松身体并使脊柱恢复到先前的中立啮合结构。

望地（备选锻炼项目）

该锻炼动作有助于释放完成了仰天式伸展锻炼之后下背部持续不散的紧绷感。

在做了仰天式伸展锻炼之后，可能会感到下背部一直处于紧绷状态。可以通过望地式姿势放松这些肌肉。首先，站在离桌子大约 45 cm 的位置上。想象一下，一根棍子从上至下垂直穿过你的后脑、脊柱并一直延伸到臀部。接下来，撅起臀部同时挺直脊柱，手心向下放在桌面上。在做整个伸展动作的过程中始终保持抬头的姿态，这样做的目的是防止背部弓起。再之后，臀部向后推，此时你会感觉到腿部和下背部的肌肉均有所拉伸。保持这个姿势不变同时做 3 次深呼吸，之后放松身体并恢复到直立站姿。再重复做 2 次上述动作，在保持伸展的同时分别将深呼吸的次数增加到 5~7 次。

当你对上述仰天式和望地式姿势适应后，做动作的时候身体不再感到不舒服时，可以考虑交替进行这两种锻炼项目。但需要注意的是，两种姿势之间的转换需缓慢一些，即每当一组动作结束，脊柱再次恢复到先前的中立啮合结构时，应当稍作停顿之后再开始做新动作。

生物力学知识

谈及人体生物力学的时候，首先必须对这些生物力学产生影响作用的关键组成部分有所了解。恒定的重力要么对人体有利，要么对人体有害。当脊柱处于中立啮合结构的位置 / 姿势时，重力对人体有利。当脊柱处于中立啮合结构时，其侧视图为一条垂直线，耳朵位于肩膀的正上方，肩膀位于臀部的正上方，臀部位于脚踝骨突的正上方。此时，绝大部分重力作用于由呈网络结构的结缔组织连接在一起的骨骼系统上，几乎没有什么重力作用于肌肉系统上。以下这个例证相当有代表性：当你把手肘放在桌面上，前臂呈 90° 拿着保龄球时，我们会错误地认为是手臂上的肌肉系统支撑着那颗保龄球，而实际上它是由骨骼系统以及结缔组织共同支撑起来的。骨骼系统包裹在呈连续三维网络结构的结缔组织内部，医学上将这种包裹结构称为筋膜。筋膜包裹并支撑着人体的各个方面，包括肌肉、骨骼、关节、神经，以及器官。当我们运动的时候，筋膜也会随之产生位置变化并作用于感觉神经上，医学上将其称为机械感受器。机械感受器将信息反馈给大脑，使大脑知道身体上的哪一个部位正在发生什么状况。筋膜上也有疼痛感受器。

当脊柱处于非中立啮合结构时，重力会将非正常的荷载施加在没有适当支撑的结构上。此处仍用前面的例证来说明，当我们以一定角度拿着保龄球的时候，重力会在肘关节上施加非正常的荷载，此时就需要使用手臂上的肌肉来作为支撑（类似于脊柱姿势不佳时对其周边关节及肌肉造成的影响）。随着时间的推移，这些肌肉疲劳并产生炎症，而这些症状又会进一步引起其周边肌肉、筋膜，以及肘关节纤维黏连（就像胶水一样）。长时间姿势错误会导致关节退化（骨关节炎），肌肉功能变弱，容易产生疲劳感，脱水的筋膜犹如干海绵一般。出现上述问题时会触发筋膜、肌肉，以及关节中的疼痛感受器——现在的你已经患上了慢性疼痛。由此可见，上述病症正是由这些未经纠正的不良姿势或者运动造成的，这也是慢性疼痛成为时下一种流行病的原因。

接下来的问题是“该如何防止这种情况发生”以及“你能做些什么来扭转损失”。首先，必须始终保持让脊柱处于中立啮合结构的姿势。向前探身时，最好以腰部为转折点，而不是弓起背部。但这种要求对于制陶者而言几乎是无法全然避免的。最佳处理方法是每隔 20~30 分钟休息一次，并做一下与先前姿势完全相反的运动。对于饱受疼痛折磨的陶艺界同行，我推荐大家了解一下埃里克 · 古德曼医生提出的“基础锻炼养生法”。该方法可以同时锻炼人体背部所有的扩张肌，你的背部肌肉强度会大幅度增加。锻炼动作如下所示：首先，将双脚分开至与肩同宽，重心放在脚跟上。接下来，重心仍旧放在脚跟上同时稍微下蹲，之后向后并向下转动肩膀，伸展手臂并向后拉伸。与此同时，把你的下巴向后滑动，直到形成“双下巴”为止。此时你的姿态和跳远运动员的预备起跳姿势差不多。保持这个姿势 20 秒，休息 20

秒之后再次重复上述动作，重复做动作时要比前次再蹲低一点。这套动作不但会锻炼你的体力，同时还会增加背部肌肉的耐力。除此之外，它还可以打开胸腔，让更多空气进入肺部。

除了做上述基础性锻炼项目之外，更重要的是解决结缔组织纤维化及脱水的问题。要达到这一目的，需要准备一个泡沫滚子和一颗网球。上述两种简单的工具可以令结缔组织再次软化以及水合，使其变得如同湿海绵一样潮湿且柔韧。它将降低疼痛感受器的敏感程度，同时改善大脑的输入性神经感觉。锻炼的最终结果将会令你的协调性和平衡能力达到更好的状态，从而减少关节或者肌肉损伤的机会。泡沫滚子用于锻炼腿部和背部，网球用于锻炼肩胛骨及其周围区域。对于陶艺家或者雕塑家而言，必须锻炼前臂及双手上的肌肉和筋膜。小橡皮球用于锻炼手掌，网球用于锻炼前臂。休·希茨曼撰写的《身体柔韧方法》一书中介绍了一个完整的10分钟治疗方案，每周坚持做3次，在此我向广大陶艺界同行强烈推荐此书。保持水分尤为重要，特别是在使用泡沫滚子锻炼完之后。为结缔组织补水可以有效减少筋膜及关节处的黏结应力。除此之外，我还强烈建议大家利用脊椎指压医师的专业知识来减少你骨骼系统中已经存在的黏结应力。

将上述种种锻炼方案作为你健康计划的一部分，将有效减少异常机械荷载对神经肌肉骨骼系统所造成的负面影响。你的身体将因此体验到更少的疼痛、更好的运动，以及更少的神经压力，进而获得更好的睡眠质量与更加自由的创造力。

拉坯工具

对于将拉坯成型法作为主攻对象的陶艺从业者而言，拉坯机是最基本且最重要的工具，没有拉坯机是无法创作出任何作品的，所以本章节就从拉坯机开始讲起。对于拉坯者来说，幸运的是很多公司都生产高质量的拉坯机。在选择拉坯机的时候，建议大家考虑以下三条主要性能：马力、传动类型，以及脚踏板的灵敏程度。接下来，我将详细讲述上述考虑因素。需要注意的是，虽然你的工作室可能已经配备了拉坯机，或者你有兴趣购买一台拉坯机，但你显然不需要对其进行任何评估，其原因是拉坯机通常不包含电机和其他电子设备。

拉坯机

绝大多数公司生产的拉坯机功率范围都介于 0.25~1.5 马力（1 马力 =735.499 W）。功率越大，该拉坯机所能带动的黏土重量越重。对于初学拉坯的人而言，由于每次拉坯时黏土的使用量不多，所以无法切身感受不同功率拉坯机之间存在的差异，但高级拉坯者每次拉坯时黏土的使用量超过 23 kg，他们使用的拉坯机需要具有足够大的功率才行，功率不足是完全无法带动那一块黏土的。即便是刚刚开始学习拉坯成型法的新人，我还是建议购买功率数值 ≥ 0.5 马力的拉坯机。

选择拉坯机的传动类型时需以个人需求作为参考，通常来讲，长时间使用某一种传动类型的拉坯机之后必然会对其产生好感。某些陶艺家或许只对某一种传动类型的拉坯机情有独钟，但倘若他们尝试一下由不同国家生产的不同品牌的拉坯机之后，相信绝大多数人的喜好都是非常灵活的。皮带传动、环形 / 锥形传动，以及直接传动的拉坯机都很好用，并且各类传动方式均具有其独特的性能，所以无论是哪一种传动类型的拉坯机都能在某种程度上获得拉坯者的青睐。想要了解更多有关传动类型的信息，建议大家阅读一下《黏土艺术》杂志或者《陶艺日报》。

提及驱动，或许你最想了解的内容是拉坯机的转盘如何与驱动装置连接为一体。由于我一直在尝试改变拉坯器型的原始造型，所以相比之下，我更喜欢使用环形 / 锥形传动类型的拉坯机，其特点是即便不开启电机，拉坯机的转盘仍然可以自由转动。如此一来，就可以用手来转动拉坯机的转盘，让器皿停在正确的位置上。使用直接驱动或皮带驱动的拉坯机时，只有踩下脚踏板才能令拉坯机的转盘旋转起来。尽管可以通过手动方式迫使上述两种拉坯机的转盘旋转，但是随着时间的推移，这种做法会导致传动装置磨损。假如你的工作室里各种传动类型的拉坯机一应俱全的话，建议你把它们都试用一下，以便从中找出传动平滑度、声音，以及强度最适合你的那一种类型。

目前市面上出售的标准式样拉坯机均带有一个独立的、由电线连接的脚踏板。尽管所有脚踏板的工作方式都差不多，但是其内部构造会在很大程度上影响其灵敏程度。在购买拉坯机的时候，要确保脚踏板的踩踏幅度和灵敏程度均可调整才好。脚踏板能否调整将直接影响启动以及停止拉坯机转盘旋转时的顺畅性。当你停止踩踏脚踏板，试图让拉坯机的转盘停下来，但它仍然在继续转动时，可以通过调整脚踏板内部构造的方式解决。想要了解更多有关调整脚踏板方面的信息，请阅读拉坯机使用说明书。

工具及设备

毫无疑问，随着拉坯成型法学习进程的不断深入，你将接触并学习各类陶艺工具及设备的使用方法。假如你在一家公共陶艺工作室工作的话，可能有权使用该工作室内的所有工具和设备，但倘若你想创建一间属于自己的工作室的话，建议先列一张最常使用的工具、设备清单。诸如练泥机及泥板机之类的大型机械设备确实能为我们的创作提供很多便利，但是对于初涉陶艺领域的人而言，上述设备的价格可能会超出投资预算范围。可以将花费在上述高价设备上的钱节省下来，先重点投资一些必备的工具。以下是我最常使用的拉坯工具、修坯工具及器型精加工工具。

在你阅读本书的过程中，会发现一些非常独特的工具，其中许多可以在厨具店或五金店里购买到。器型上某些独特的肌理以及切割面都是借助其他领域的工具获得的。很多时候，我最喜欢的工具并非陶艺工具，多年以来我一直都在借助它们进行创作。我从日常生活中寻找各式各样的物品，并将它们作为器型装饰工具使用。

基础拉坯工具

- **海绵**：几乎每一位拉坯者都会使用海绵来润滑器型的外表面。除此之外，海绵也可以用于清洁拉坯机的转盘以及从事其他与水相关的工作（图 A）。
- **割泥线**：割泥线用于将已经过装饰的器型从拉坯机的转盘上切割下来，或者用于在器型的外表面上切割块面状肌理（图 B）。
- **拉坯棒**：当器型较高，无法将手伸进其内部操作时，可以借助拉坯棒完成拉坯工作（图 C）。
- **钢针**：该切割工具的用途多种多样。例如趁着拉坯机转盘持续旋转的时候，借助钢针将器型的某个部位切除，除此之外你还可以借助它来完成一些其他工作，比如探测器型底部为旋切圈足而预留出的泥板厚度（图 D）。
- **木质修坯刀**：木质修坯刀适用于各类成型方法，在拉坯成型法中使用该工具时，可以趁着拉坯机转盘持续旋转的时候精修器型的圈足（图 E）。
- **肋骨形工具**：下图中有一个适用于拉制碗形的木质大肋骨形工具，以及一个橡胶质肾脏状小肋骨形工具，除了上述两种材质和形状之外，市面上还出售各种各样的肋骨形工具，你一定可以从中找到自己最喜欢的类型。木质肋骨形工具通常用于拉制碗形的内

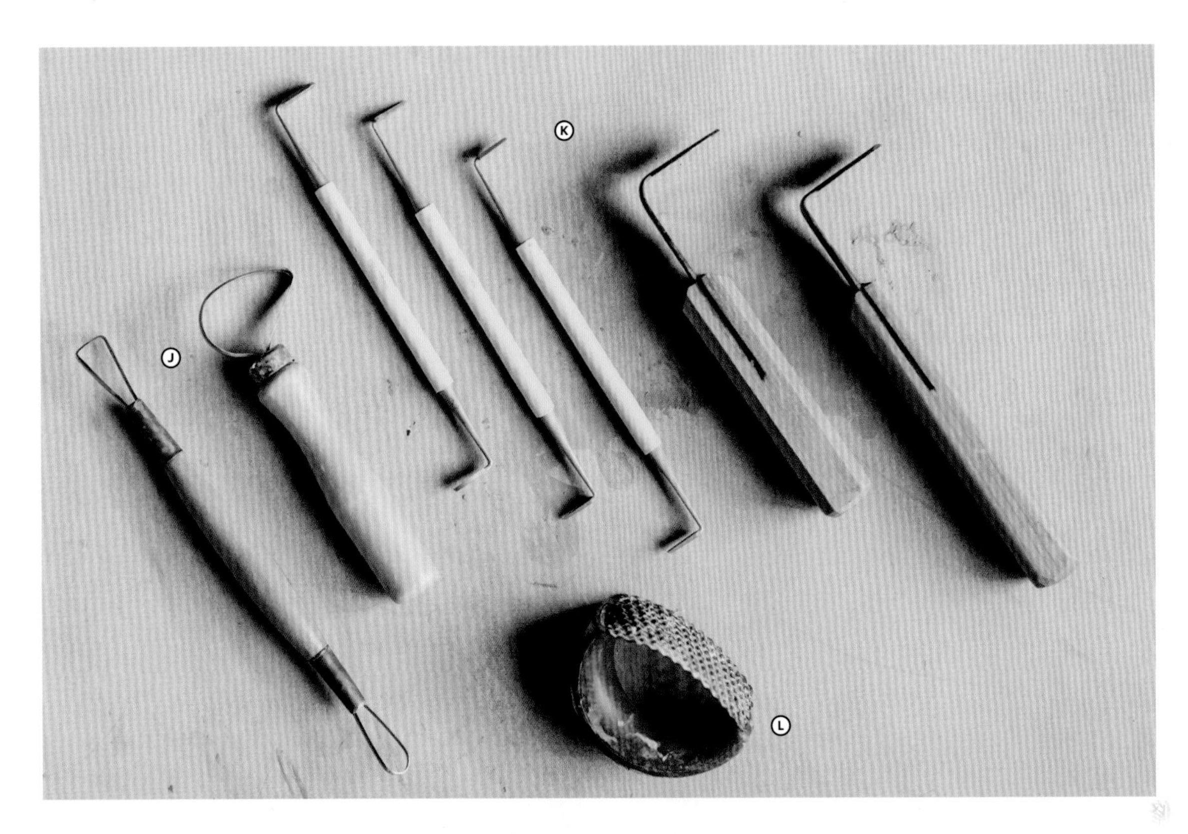
K
J
L

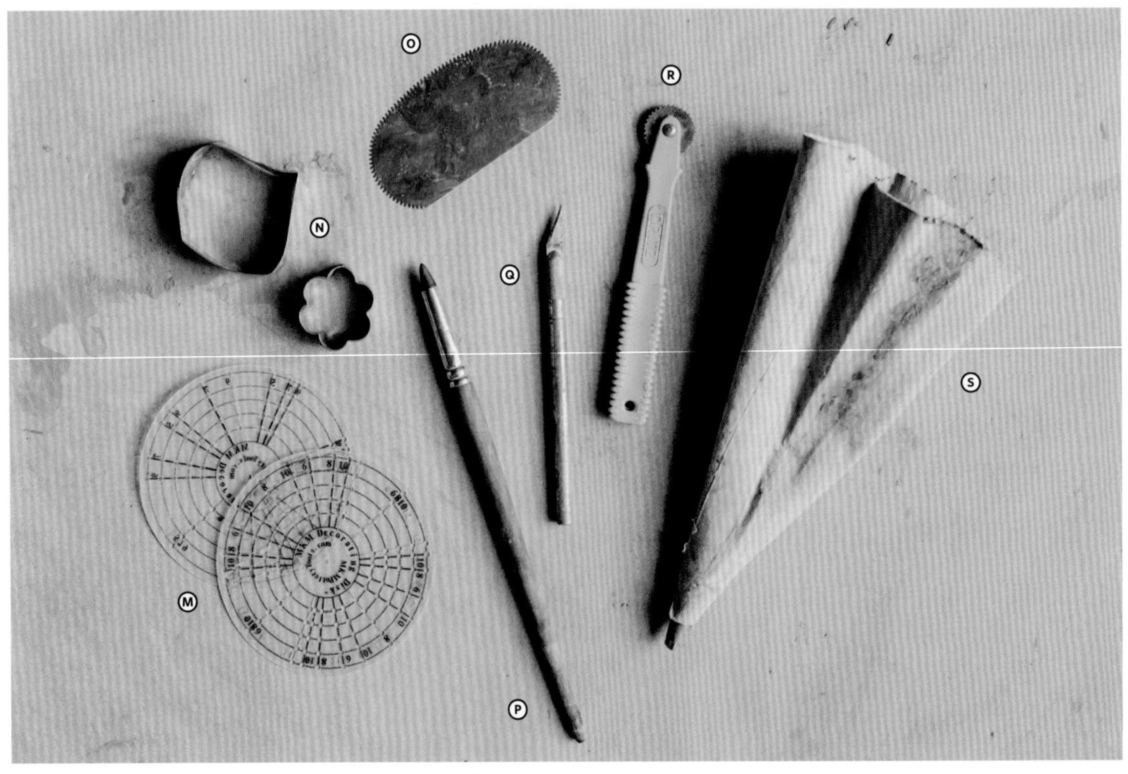
O
R
N
Q
S
M
P

部曲线，所形成的内轮廓线平滑且均匀。橡胶质肋骨形工具通常用于修整器型的内外轮廓线，经过修整后的表面非常光滑。金属质肋骨形工具（图片中没有收录）亦用于修整器型的外表面。将上述三种肋骨形工具逐一测试，并比较其密度对黏土外表面所造成的影响（图F）。

- **滚压工具：**滚压工具用于在器型的外表面上滚压肌理。由这种工具压出来的线比用钢针划出来的线更加平滑，由于后者在划线的过程中会出现拖动现象，因此划线通常带有粗糙的边缘（图G）。
- **麂皮布：**可以借助这类软布将器皿的口沿修整得更加光滑精致（图H）。
- **卡规：**卡规对于测量盖子以及其他与罐身分离拉制的零部件尺寸至关重要（图I）。

修坯工具

- **环形工具：**环形工具是最常见的修坯工具，主要用于将器型外表面上多余的黏土清除掉。可以根据需要和个人偏好，从各种厚度以及宽度的环形工具中选择最适合的种类（图J）。
- **修坯刀：**用于清除器型外表面多余的黏土，但与环形工具相比，前者修掉的黏土体积更大一些。当力度足够大时，刀路边缘会形成十分精致的细小线条，这种特殊的肌理在陶艺界被称为“跳刀”。许多陶艺家都将跳刀技法纳入他们的创作中（图K）。
- **锉刨工具：**锉刨工具的形状与奶酪磨碎器极其相似，通常用于修整器型外表面上较大的截面（图L）。

器型精加工工具

- **烘干工具：**当你想要拉制出体量庞大的器型时，吹风机或者喷灯都是不错的选择。
- **MKM 装饰盘：**图片中这种带有编号的圆盘状工具适用于将器型划分成若干个部分，之后分别施以不同的装饰形式或者分别进行轮廓线改造（图M）。
- **面点切割器：**没错，这种烹饪工具也可以作为陶艺工具使用！特别是金属材质的面点切割器在切割黏土形状时效果相当好（图N）。
- **锯齿状肋骨形工具：**这类工具适用于在器型的外表面上刻画肌理（图O）。
- **精修工具：**可以借助这类柔韧性极好的带有橡胶头的工具精修把手的边缘将不需要的肌理修整平滑（图P）。
- **工艺刀：**当你需要在器型上进行非常精确的切割作业时，工艺刀是最佳选择（图Q）。
- **描图工具：**描图工具通常用于在纺织品上描绘纹饰。在陶艺创作中使用这种工具时，可以用它在器型上绘制出虚线纹饰（图R）。
- **尖头蛋糕挤奶油袋：**可以用蛋糕师的挤奶油袋在器型的外表面上挤稠泥浆，将各种规格和各种形状的尖头蛋糕挤奶油袋搭配使用，可以创造出非常有趣的肌理（图S）。

窑炉

尽管本节中讲述的绝大部分内容都集中在拉坯工具上，但窑炉无疑是陶艺工作室最重要的设备。柔软且具有延展性的黏土经过烧制之后变得如岩石般坚硬，这种物质的持久性远非人类的寿命所能比拟。上述物质转变所需要的热量可以来自于各种燃料，包括电、气，以及木柴。在购买或者建造某种类型的窑炉之前，需要考虑窑炉的设置位置、每次烧窑时所要投入的燃料消费、人工成本，以及你所在地的建筑规范，你的工作室能否正常运行取决于上述种种因素。想要了解更多有关烧窑方面的信息，请参见后文相关内容。

黏土

当我们提到“黏土”一词时，其广义上是指由各类陶瓷原料混合而成的复合型材料。这些材料中的许多种都是从花岗岩中分解产生的。在长达数百万年的时间里，蕴藏在气候变化中的化学以及物理作用施加在火成岩上，可溶性物质逐渐剥离，最终只留下黏土粒子。通过黏土的化学公式 $Al_2O_32SiO_22H_2O$ 即可推测出事实的端倪：作为残留物的氧化铝、二氧化硅及水结合在一起，可以视为其漫长演化过程的佐证。对陶艺界的各位同行而言，幸运的是氧化铝和氧化硅在地壳内各类矿物质的总蕴含量中占到了 3/4 的比例，数千种黏土类型遍布全球。

黏土的地质特征

许多陶瓷遗址都位于具有可加工性能的黏土矿脉附近。虽然这类黏土已经变得越来越罕见了，但仍然有可能从地表以下挖掘到，只需经过少许处理就可以用于陶艺创作。目前，绝大部分制陶者购买和使用的黏土都是在工厂里经过多次加工及混合而成的：从地表下开采出来的黏土（包括高岭土、耐火黏土及球土）内部添加了助熔剂（其作用是降低烧成温度）和添加剂（其作用是令黏土具有各种各样的特性）。许多混合型黏土都适合于拉坯成型法，但其各自的特点使得某些黏土类型较其他黏土而言更适用于某一种或者某几种成型方法。例如可塑性较高的混合型黏土特别适用于重塑器型，其原因是将其塑造成某种形状的时候不易出现开裂现象。但这类黏土的缺点是收缩率较高，在器型干燥的过程中很容易出现开裂现象。在此，我不会就某种特定黏土的属性做深入分析，但我想为广大读者提供一些一般性的原则，帮助你从中找到一种更适合拉坯成型法的黏土类型。想要深入分析的话，建议联系一下黏土供应商，并与那些和你从同一家黏土公司订购产品的同行们进行交流。假

在选择黏土的时候必须考虑其颜色、可塑性及烧成温度。我最喜欢的黏土类型是低温陶泥，原因是这种黏土呈色温且烧成范围极广。

如你打算自己挖黏土的话，可以试着联系并请教一下当地的地质学家。

黏土的状态

在正式分析适用于拉坯成型法的黏土具有何种特性之前，我想先讲述一下黏土在不同阶段所具有的状态。在黏土由湿变干的过程中会经过以下几种状态：消解态黏土、塑型态黏土、半干态黏土、干燥态黏土、素烧态黏土，以及烧结态（釉烧）黏土。无论其最终烧成温度是多少度，所有类型的黏土都会经历上述几个阶段。

消解态黏土　由于呈液态，具有流动性，因此不具备成型能力。如果对其进行充分搅拌并添加悬浮剂的话，则可将其用作浸渍泥浆或者注浆泥浆使用。

塑形态黏土　适用于各类成型方法。仅需要对其施加一点点力就可以制作出包括拉坯成型法在内的各种手工及机械成型的陶艺作品。处于这种状态下的黏土可以保持其形状不变，但倘若加水过量或者受压过大的话很容易出现器型坍塌现象。

半干态黏土　其软硬程度和巧克力棒差不多，足够坚固，曲线形器型可以支撑其形状不变，同时具有足够的柔软度，借助修坯工具可以轻易地进行雕琢。

干燥态黏土　当物理水分流失（包裹在黏土粒子外表面上的水分蒸发）之后，黏土的颜色由深变浅。当把器型暴露在室温环境中时，坯体自然而然地就会出现上述变化。

素烧态黏土　是当器型经过 800 ℉（1 ℉≈ −17.2 ℃）以上温度烧制后其内部的化学水分流失后所呈现出来的状态。在烧窑的过程中，黏土粒子会将与氧化铝及氧化

半干态黏土虽具有足够的柔软度，但也足以支撑起曲线造型。

硅结合在一起（$Al_2O_32SiO_22H_2O$）的那一部分水分排出。因此，素烧态黏土将永远无法再次恢复为消解态黏土。素烧态黏土具有多孔性，釉层很容易附着其上，比干燥态黏土的持久性要好得多。素烧温度通常介于 08 号 ~02 号测温锥的熔点温度范围。

烧结态黏土　在经过高温烧制之后，其吸水率显著降低。坯体玻化或者黏土上的孔隙封闭是检验陶瓷制品是否达到烧结态的主要标准。市面上出售的绝大多数陶瓷制品并未达到真正的玻化程度，坯体的吸水率仍然介于 2%~4%。这类没有完全烧结的陶瓷制品，有时水仍然能够穿透器型上未经施釉的部位。尽管这种情况并未引起使用者的注意，但倘若处于炎热且潮湿的气候环境中，极有可能滋生霉菌。遇到这种问题时，可以通过以下方式改善：提高烧成温度（当你所使用的釉料烧成温度范围足够宽时），或者重新调整黏土的配方以便降低其熔点，再或者借助赤陶封面泥浆把器型底部无法施釉的部位覆盖住。

坯料

选择坯料的时候，首先要考虑的因素是坯料的烧成温度范围。在近代陶瓷史上的各个时期，制陶者对坯料及其烧成温度进行了价值判断。人们认为烧成温度越高，陶瓷制品的持久性和质量越好。但随着陶瓷原料的发展进步，上述观点已经过时了，当代制陶者无论采用低温（陶器）、中温（炻器）还是高温（炻器和瓷器）均能使陶瓷制品达到极佳的持久性及食品安全要求。人们可以根据陶瓷制品的实用要求、美观要求或者环境要求随意选择其烧成温度。有些制陶者选用电窑烧制低温或者中温陶器，而有些制陶者则选用柴窑或气窑烧制高温瓷器。

选择烧成温度的主要原则是能够把坯料、泥浆及釉料烧至其玻化点。当选用的釉料熔点较低而不得不采用低温烧成时，坯体很可能会出现欠烧现象，这会引发一系列问题。在互联网上可以查找到大量黏土配方和众多陶瓷原料生产商的信息，可以根据想要达到的作品效果找到适用于任何烧成温度范围的坯料。如果你的身边有各种类型的窑炉及各种类型的坯料供选择的话，建议在正式确定烧成温度之前先将各类窑炉和各类坯料组合试烧一下。假如你在一家提供了各种坯料和各种釉料的公共陶艺工作室里工作的话，应当竭尽所能地从中寻找出最贴近你审美的那些原料。

接下来需要考虑的因素是坯料的发色范围，即你想让陶瓷作品在烧制后呈现出何种颜色。想让釉面以及颜色呈现出更加鲜亮的效果时，需要选用白色或者革黄色坯料。在浅色坯料上施釉就像在白色画布上绘画一样。颜色较深的坯料配方通常含有铁或者锰，这两种金属元素会令你所选用的釉料颜色变暗。在深色坯料上施釉就像在预先涂了深重底色的画布上绘画一样。可以通过往浅色器型外表面上涂抹或者浸渍深色泥浆的方法加深其外观色调。因此，你完全可以根据自己的喜好来改变坯料的色调。

当烧成温度范围以及颜色范围都确定下来之后，接下来要考虑的因素是坯料的可加工性能。适用于拉坯成型法的坯料必须具备以下特点：**湿润状态下具有良好的可塑性，达到半干状态时及彻底干透后具有足够的张力强度**。坯料具备上述特点的前提是配方中各类成分的粒子具有不同的直径并可以适度收缩。可以通过以下方法测试坯料的可塑性：搓一根泥条，将其围合成环状并套在手指上。如果环状泥条的外表面上没有出现裂痕的话，就说明该种坯料可以成为很好的拉坯原料。虽然张力强度也会受到粒子直径的影响，但你不必担心这个问题，其原因是市面上出售的绝大多数坯料都具有足够的张力强度。在端拿半干器型或者已经彻底干透的器型时，如果你已经很小心了但它仍然破碎了的话，那么应该咨询一下黏土供应商，看看能否找到合适的替代品。

下一项要考虑的因素是坯料的收缩率。可以通过以下方法测试其收缩率：擀一块 12 cm × 4 cm 的小泥板。在泥板中部由上至下划 10 条直线，每条线的长度及线与线之间的距离均为 1 cm。待泥板彻底干透后测量第一条线与最后一条线之间的距离。所得数值为素坯收缩率（坯料未经烧制之前的百分比收缩率），通常介于 4%~8%。若将其与釉烧收缩率（坯料经过烧制之后的百分比收缩率）作对比的话，你会发现前者相对较小，尽管如此，倘若在素坯收缩率较大的器型上涂抹或者浸渍泥浆，极容易出现泥浆层剥落的现象。

用坯料供应商建议的烧成温度烧制这块泥板。如果使用的坯料是自己配制的，那么可以根据吸水率来测试其是否已经达到了完全玻化的程度（当吸水率介于 1%~3% 时对人体健康无害）。待泥板出窑后再次测量泥板上第一条线和最后一条线之间的距离。从原有的 10 cm 中减去此时的测量数值就能计算出该种坯料的釉烧收缩率。例如，泥板出窑后第一条线和最后一条线之间的距离为 8.5 cm，则用 10 cm 减去 8.5 cm（10 cm–8.5 cm=1.5 cm），由此得出该坯料的釉烧收缩率为 10% 或者 15%。陶器、炻器及瓷器釉烧收缩率的正常范围介于 8%~20%，其中瓷器坯料的釉烧收缩率最大。假如你打算在某个器型上进行大幅度改造，或者在其外表面上覆盖厚重的泥浆装饰层的话，建议选用釉烧收缩率介于 8%~12% 的坯料。尽管无法彻底避免器型开裂，却能有效降低其开裂程度。千万不要选用釉烧收缩率超过 15% 的坯料制作上述类型的陶瓷作品。很多品质极佳的瓷器坯料都具有较高的釉烧收缩率，使用这类坯料创作陶艺作品时必须延缓其干燥速度，只有这样才能有效预防器型开裂。

为了降低坯料的釉烧收缩率，制陶者通常会在其配方内添加熟料或者其他类似的粗质原料。由于这类原料的粒子不具有收缩性，所以其在配方总量中所占的比例越大，坯体在素烧之前的收缩率就越小。与此特征完全相反的原料为球土或者高岭土，这两种原料具有较高的釉烧收缩率。只有当坯料配方内具有收缩性的原料和不具有收缩性的原料比例达到平衡时，该坯料才会展现出最佳的可加工性能，更利于成型。在适用于拉坯成型法的坯料配方内添加熟料，其优点是器壁的强度更高，坯体可以保持自身的形状不变。如果你只想选择一种适用于拉坯成型法的坯料的话，建议选用配方内添加了细微熟料的坯料。原因是这类坯料更易成型，且由于熟料的粒子直径极其微小，所以很难用肉眼观测到。在坯料配方内添加有色熟料，当其粒子直径足够大时会在器型的外表面形成色斑。

到目前为止，前文中讲述的收缩是坯料在干燥过程中以及在烧制的过程中出现的反应。收缩是一种单向运动，坯料的体积由大变小，器型的体量变化充斥于整个成型、修整及干燥过程之中。除此之外，在烧窑的过程中器型也会出现膨胀和收缩现象。此阶段的体量变化与诸如氧化硅等物质在烧成过程中所经历的膨胀和收缩有关。烹饪用陶瓷器皿的坯料配方是经过特殊配制的，其膨胀率以及收缩率都很小，因此这类器皿局部直接接触热源时也不会出现任何问题。与标准的炻器坯料相比，烹饪用陶瓷器皿的坯料配方以锂作为助熔剂且添加量很大，锂元素的釉烧膨胀率和收缩率极其微小。

综上所述，最佳的坯料类型一定是那种能在外观上符合你的审美，同时又具有良好的可加工性能。在烧成温度、颜色、可塑性、粒子直径，以及收缩率等诸多因素之间找寻完美的平衡点，相信你一定可以找到一种融美感和持久性于一体的适用于拉坯成型法的坯料。

制备拉坯专用坯料

数千年来，制陶者从地表下挖掘黏土，并通过粉碎、消解、揉制等一系列工序将其加工成具有可塑性的陶艺坯料。在此过程中，制陶者需要付出时间、体力，以及对其所在地的地质进行全面的了解。时至今日，尽管有些制陶者仍然选择自己挖掘黏土，但绝大多数制陶者选择从其所在地的黏土供应商手中购买经过加工的陶艺坯料，这类混合型坯料具有良好的可塑性和烧成强度。厂家除了依照配方生产坯料之外，还会通过过滤以及借助练泥机等大型机械设备对坯料进行更加深入的加工处理。深加工可以排除坯料内部残留的空气，显著缩减其应用于拉坯成型法时所需要的制备时间。尽管商业生产的坯料非常光滑，可塑性也非常好，但是为了让它更加符合拉坯成型法的需求，仍然需要对其进行一系列的制备处理。本节将给大家介绍揉泥方法、坯料的回收及其循环使用方法。

揉泥

在正式开始拉坯之前，需要先揉制出制作某件作品所需要的足够的泥。如果仅从表面上看的话，揉泥与揉面差不多，但二者的目的却是完全相反的——揉泥的目的是将泥块中残留的气泡排出去。为了达到上述目的，建议大家专门设计制作一张揉泥桌，或者至少将现有桌面局部改造一下，以便使其满足揉泥时所需要具备的条件。一张好的揉泥桌必须具备以下几点特征：足够坚固且足以承受施加其上的压力；当你站在桌边时，桌面的高度与腰部齐平；桌子表面不吸水，泥块与其接触时不会出现粘连现象。我的做法是将一块帆布固定在木质桌面上。帆布那稍带纹理的表面可以抓住泥块，但二者又不会粘连在一起。当泥块粘连在帆布上时，仅需要用湿海绵轻轻擦拭就很容易将其去除。正式揉泥之前，需先确保桌面清洁且干燥，以防泥块内部混入其他类型的杂质，要知道一旦有杂质混入其中，再想拾拣出来可就相当麻烦了。

最常使用的揉泥方法分为以下两种：螺旋形揉泥法和牛头形揉泥法。这两种揉泥方法都很好用，可以将它们都尝试一下，看看哪一种方法更适合。目前市面上出售的绝大多数坯料都是经过真空炼制的，泥块中残留的空气很少，所以只需要稍微揉一揉就可以了。尽管从理论上讲，购买来的坯料出袋后完全可以直接使用，但仍然建议大家最好先将其稍微揉一下再使用，这样做的目的是为了确保泥块的各个部位均匀混合。因为除了去除气泡之外，揉泥的另外一个目的是将长期封存在塑料袋中因干燥不均匀而形成的较硬和较软部分加以调和。

螺旋形揉泥法

1. 将双手垂放在泥块两侧，双手之间的夹角呈 90°（图 A）。将泥块向前、向下滚压，滚压方向与桌面之间的夹角为 45°，用力要轻柔。待手接近桌面时微微张开手指，这样手指就不会碰到桌子了。以小角度向后滚压泥块，重新回到你的起始姿势。注意一定要用手带动泥块旋转（图 B）。

2. 重复上述滚压动作，此时你会注意到泥块的外形逐渐变为圆锥体，其一端呈圆锥状，另外一端呈漩涡状。滚压令泥块由外至内层层循环，泥块中残留的气泡在此期间全部被排出（图 C）。

A
B
C
D

E
F
G

3. 结束揉泥动作时，需在揉泥桌上将泥块上较宽的一侧旋压一番（图 D）。这样做的目的是将其底部变圆，使泥块的外形从圆锥形转变为球形。接下来可以用这块揉好的泥拉坯了。

牛头形揉泥法

1. 把双手放在泥块顶部，呈八字合抱状。将泥块向前滚压，滚压方向与桌面之间的夹角为 45°，用力要轻柔。把泥块向后（即向你的身体方向）滚压，重新回到起始姿势（图 E）。

2. 重复上述滚压动作，此时你会注意到泥块两端出现的旋涡状肌理看上去颇似公羊角上的花纹（图 F）。持续滚压至少 6 次，以确保泥块中残留的气泡在此期间全部被排出。

3. 结束揉泥动作时，需将泥块持续向后滚压数次。这样做的目的是将较小的凸起塞回泥块中部，进而使其呈现长圆柱形外观。用双手拍打泥块的两端，使其成为球形（图 G）。现在可以用这块揉好的泥拉坯了。

坯料的回收及循环使用方法

陶艺坯料的价格相对比较便宜，每磅 0.4~1 美元不等（1 lb=0.453 59 kg）。与诸如黄金之类的贵重材料价格相比，似乎不需要太担心浪费问题。既然坯料这么便宜，那么为什么还要回收并循环使用呢？我认为必须从更加深远的角度去思考这一问题：考虑开采黏土的环境成本，它在垃圾填埋场所占的空间，但更重要的原因是坯料真的很容易回收使用。

或许你也会把那些失败的拉坯作品从转盘上取下来，通过揉制的方式回收再利用。坯料回收的第一种方法是把这些废料放在一旁晾干，稍后待其软硬程度适中时重复使用。另外一种简单的方法是将落入储泥盘内的泥浆倒入一个 38 L 的塑料桶中收集起来。让黏土和泥浆的混合物沉淀一周，然后把多余的水倒出来。把桨式搅拌机放入剩料中搅拌 10 分钟，之后将搅拌好的泥浆平铺在石膏板上。仅需几天时间就可以再次将其揉制成泥块并拉坯了。当你的手边没有石膏板时，也可以将其倒进旧枕套里。把枕套的两端绑紧，放在室外的混凝土台面上晾晒，直至其达到可以揉制的软硬程度为止。

假如你是一名职业陶艺家的话，最好购买一台练泥机。目前市面上出售的很多款练泥机都可以将湿泥和干泥混合至适宜的软硬程度，并对其进行真空炼制，用练泥机炼制过的坯料可塑性非常好。无论选择上述哪种方法回收坯料，一定要根据其颜色和烧成温度进行分类处理。回收过程越清洁、越流畅，坯料越不易受到交叉污染。我见过很多技艺超群的制陶者在几秒钟之内就能回收一大把高铁炻器坯料。

拉坯成型基本技法

谈到拉坯成型法的起源问题，虽然确切时间目前仍有争议，但有确凿的证据表明早在几千年前制陶者们就开始使用转盘制作容器了。从古代的手动慢轮到现代的电动拉坯机，人们借助轮盘将黏土制作成器皿的历史已经历经了好几代人。本节将重点介绍拉坯成型法的物理作用力和技术难点。

离心力

在正式开始学习拉坯方法之前，让我们先来了解一下拉坯机运行时的物理原理。当拉坯机开始旋转时，离心力随之产生。拉坯机的转盘旋转得越快，所产生的离心力就越大。位于拉坯机转盘中心点的离心力最弱，位于拉坯机转盘边缘处的离心力最强。若以拉坯成型法为例的话，则是泥块上靠近拉坯机转盘中心点的部分所受到的离心力最弱，靠近拉坯机转盘边缘处的部分所受到的离心力最强。关于离心力还有一个很好的例证就是孩子们的游戏道具“旋转木马”。当你感到头晕的时候，如果直接从旋转木马上跳下来，此时你会像炮弹一样被甩出去；你也可以试着走到旋转木马的中心部位，在那里静静地等待它停下来。

制陶者们利用同样的原理对放置在拉坯机转盘上的泥块施力。当高速旋转的拉坯机试图将泥块向外延展时，借助双手产生反向作用力迫使泥块向上移动。如果把拉坯成型法比喻成舞蹈的话，那么所有的动作都是反作用力和向外延展力之间的平衡，拉坯成型法分为以下四个步骤：找中心、提泥、开泥、塑型。

拉坯成型法的起始动作如下：挺直背部坐在拉坯机前，前臂放在储泥盘的边缘，或者牢牢地支撑在膝盖和躯干上。将双手放在泥块上之后就形成了一个“三足鼎立”式的姿势，这种姿势有利于施力以及保持稳定性。在拉坯的过程中，既要保持身体放松，同时又要保持姿势不变。拉坯动作讲究的是平衡和技巧，而不是蛮力。当你感到肌肉紧绷很不舒服时，应该重新调整一下姿势。最后，注意让你的呼吸保持在一个稳定且有规律的节奏中。第一次学习拉坯成型法的时候，我会不自觉地时不时屏住呼吸，这给身体造成了不适当的压力和紧张。

找中心

找中心是将泥块定位在拉坯机转盘中心轴上的过程。在正式开始找中心之前，应当先把泥块紧紧地黏结在拉坯机的转盘上。然后调整拉坯机的转速。在整个找中心的过程中，应当把拉坯机的转速设置为中等速度或者 3/4 速度。

注意事项：本节在描述手的放置位置时，将以表盘指针的位置作为参考对象。当拉坯机的旋转方向为逆时针方向时，手应当放置在 3 点钟或者 6 点钟的位置，采用该位置拉坯时你会感觉到泥块转动得非常顺畅。倘若把手放置在 6~12 点钟的位置上，你会感觉到泥块在转动的过程中与手产生了摩擦力。当拉坯机的旋转方向为顺时针方向时，手应当放置在 6~9 点钟的位置上。采用该位置拉坯的目的与前面一样，即减少泥块转动过程中与手的摩擦力。

1. 将泥块塑成锥形：在手上以及泥块的表面蘸一些水。用包括无名指和小手指的双手手掌部分按压泥块（图 A）。将双手分别放置在 3 点钟和 9 点钟位置向内挤压泥块，直到其开始向上隆起为止（图 B）。持续挤压，直到泥块的外形转变为圆锥形为止。找中心是唯一一个把手放置在 6~12 点钟位置的操作。

2. 下压锥形泥块：在触碰泥块之前，先像与某人握手时那样伸出你的左手。右手握拳，以便将右手掌的下半部分压缩成团块状。在整个下压锥形泥块的过程中，双手始终保持上述姿势不变（图C）。把左手放在9点钟位置，把右拳放在泥块的顶部向下按压。当右拳将泥块一点点地压下来时，左手轻轻施力将其推向拉坯机转盘的中心点方向。持续下压泥块，直至其外形规整且不会随着拉坯机转盘的旋转左右晃动为止。

如何纠正“蘑菇”形泥块：在找中心的过程中，当右拳下压力度过大时会将泥块按压成蘑菇状。出现这种问题时，只需将左手的按压力度再增加一些就可以了。想让双手之间的力达到平衡是需要付出一定时间和精力刻苦练习的。熟练掌握施压力度、适时停止施力是找中心环节的重点训练项目。

3. 基于作品的形状找中心：泥块的形状取决于想要塑造的作品的形状，当其形状满足需求之后就可以停止找中心，继而进入下一个步骤。想要拉制一个垂直形状的器型时，你应当在找中心环节中将泥块塑造成高度大于宽度的形状；而想要拉制一个扁平形状的器型时，你应当在找中心环节中将泥块塑造成宽度大于高度的形状（图 D）。在练习找中心的过程中，尝试塑造各种外观比例的泥块，以便使其与你想要塑造的作品形状相适宜。

开泥

当泥块稳稳当当地位于拉坯机转盘正中心位置上之后，要进入开泥环节了。在手上和泥块的表面上蘸一些水。通常情况下，找中心步骤完成后，水的使用量会减少一些。将拉坯机的转速设置成中速并在整个开泥的过程中保持这一速度不变。

1. 寻找“风暴之眼”：想象你手中的这块泥此时刚好位于飓风漩涡的正中心。伸出右手的食指和中指。将这两根手指的指腹轻轻地放在“风暴之眼”右侧。把手指移向眼睛的中心部位，你会感受到该位置没有摩擦力。这个没有摩擦力的部位位于拉坯机的中心轴上。向下按压以便将泥块的顶部打开。下压之前先将左手放在右手腕或者右手掌的下面，作为右手的支撑（图E）。这种姿势会将你的双手连接成一个牢固的整体结构，令开泥过程更加稳定。很多同行选择用双手的拇指开泥（图F），

而不是上面介绍的食指结合中指开泥。

2. 向下按压：手指向下按压，直至指尖与拉坯机转盘之间的距离介于 0.3~0.6 cm。无法准确判断泥块底部预留的底板厚度时，先将拉坯机停下来，之后把钢针插入底板中部。手指顺着钢针往下探，碰触到底板之后再将钢针拔出来。钢针顶端超过指尖部分的长度就是此刻泥块底部预留的底板厚度。需要注意的是该厚度并不是固定不变的，其具体尺寸应当与你想要塑造的作品形状及器皿的底足高度相适宜。

3. 向外拉：待泥块上的凹坑达到所需的深度之后，接下来要做的是集中精力延展其内径。保持左手与右手相互连接、相互支撑的姿势不变，然后用右手的食指和中指向外拉泥块（图 G）。施力的部位为指腹，确保手指上的其余部分处于垂直的姿态。持续向外拉，直到其宽度与你想要塑造的作品宽度一致为止。需要注意的是该宽度并不是固定不变的，其具体尺寸取决于想要塑造的作品的宽度。对于杯子而言，其宽度或许仅需要 5 cm 就足够了，但对于碗而言，其宽度或许要达到 10 cm 才合适。向外拉泥的时候，想想其内部形状是曲线形的还是平直的。本书第三章将深入讲述上述两种形状的差异。

4. 压紧底板：开泥环节的最后一步是压紧器型内部的底板。可以用指腹、海绵或者肋骨形工具完成上述操作。在此过程中，底板上的拉坯痕迹及之前用钢针检查底板厚度时留下来的针孔都会被彻底修整平滑。将开泥过程中淤积在底板上的水彻底擦净。压力不足或者水分淤积都会导致器型底板上出现 S 形裂缝。

提泥

下一个步骤是提泥，即塑造器型的外壁。正式开始提泥之前，先将拉坯机的转速降至中速或略低于中速。用海绵往泥块 3 点钟位置内外两侧各蘸一些水。水的使用量需适中，水分过多时很难将器壁提升至理想的高度。提泥时所使用的手指是双手的食指和中指。

1. 同步动作：将左手指的指腹放在泥块底板 3 点钟位置。将右手指的指腹放在泥块外部同一位置上。当旋转的泥块在手指之间滑过时，位于泥块外部的手指适度施压。此时，位于泥块内部的手指就像一堵正在被推压着的墙壁（图 H）。当你对泥块施加与拉坯机离心力方向相反的力时，泥块就会向上移动。双手的手指像舞伴那样同步向上移动，位于泥块外部的手指适度施压，双手匀速向上提泥块（图 I）。

2. 提拉：刚开始学习拉坯成型法的时候，你可能会犹豫外侧手指的施力程度是否适宜。但毋庸置疑的是，必须对泥块施以足够的压力才能将其提起来。向上提泥的时候，可以将力度稍微降低一些，泥块的提升速度需与拉坯机的转速相匹配。当提拉速度适宜时，在器型旋转一圈的期间，手指能接触到每一寸区域；而当提拉速度过快时，会在泥块的外表面上形成螺旋形痕迹，泥块也会因此偏离拉坯机转盘的正中心（请参阅第二章拉制线型相关的练习项目，该部分内容将指导你如何把提泥的速度与拉坯机的转速匹配起来）。当手指接近器型的口沿时，需减轻施压力度并让手指慢慢地从器型上移开。练习的目标是经过 3 次提拉动作之后，让器型达到其预定高度。需要注意的是，这是你的学习目标，倘若此时需要 4~5 次才能将器壁拉至其预定高度的话也不要担心，此刻需要做的是集中精力，以一种平稳、深思熟虑的方式来提高你的技能。

3. **压口**：第一次提拉动作结束后需要将器型的口沿按压一下。首先，将左拇指和食指摆成捏东西的姿势。把它们放在器型的口沿上，让口沿从手指之间滑过。左手的手指向器壁方向施力，与此同时，右手的食指放在口沿的上部并向下施力。每次提拉动作结束后都需要将器型的口沿按压一下（图 J）。注意口沿的形状，太过锋利的边缘极易破损，圆润的边缘功能性最好。也可以将器型的口沿塑造成内倾式或者外敞式的，当器型的口沿带有某种角度时其强度更高。可以借助麂皮布或者海绵将器型的口沿仔细地修整成更加光滑、更加明确的形状。

塑型

塑型环节手的位置（食指和中指）、拉坯机的转速（中等速度或者低于中等速度）、提泥环节手的位置，以及拉坯机的转速完全一样。往器型上蘸水时需注意蘸水的位置。当把泥块拉制成某种带有曲线的器型后，曲线下面积水太多可能会导致器型坍塌。

向外侧塑型：在此过程中，位于器型内侧的手指向外施力，位于器型外侧的手指像一面墙那样承受着来自内侧手指的推力。塑造曲线的时候，需从曲线的起点处向外施力（图 K）。一边向外压一边向上移动手指，直至达到你想要塑造的曲线中部为止。拉制曲线时，速度宜慢不宜快。其原因是向外推压器壁的时候，用力过大或者速度过快都可能导致器型坍塌。接下来的操作将基于你想要塑造的作品外观而定，可供选择的形态多种多样。

借助肋骨形工具塑型：在此过程中，用位于器型外侧

的手握住肋骨形工具更便于操作（图 L）。工具将代替手指对器型施压，经过按压后器型外表面光滑且紧致。分别用木质肋骨形工具、橡胶质肋骨形工具，以及金属质肋骨形工具做实验，看看不同材质的工具各自会塑造出怎样的曲线。工具的密度越高，器型受到的压力越大。

向内侧塑型或者收口：当外延形曲线拉制完成后，你可能想将曲线的上部作以改变，以便塑造出瓶型的颈部或者口沿。用位于器型外侧那只手的拇指和食指轻轻向内按压。让器型从手指下滑过，施力方向朝上。假如手指开始颤动或者器型过度摇晃的话，可以用海绵往该部位蘸些水，这样做有助于减少摩擦力。向内侧塑型的动作结束后，可以通过持续上拉数次的方式令器壁变得更加平滑。当器型偏离拉坯机的中心时很难塑造出流畅的曲线，在扭曲的部位可能会出现对角状折痕。遇到这种问题时，可以通过肋骨形工具从器型内部向外推压的方式将折痕推平。塑型结束时借助麂皮布或手指润滑器型的口沿。

细节刻画：本节只讲述了拉坯成型法的常规操作流程。这些方法是创作出独特且有趣器型的起点。当一个器型拉好之后，你或许会考虑到更多细节性因素：口沿的边界线、器身或者底足的形状，以及在什么部位塑造何种比例及何种形式的装饰，以便使其成为视觉的焦点。在接下来的章节中，将介绍更多关于变形、修坯、肌理，以及许多其他方面的技法，这些内容将帮助你创作出具有个人风格的陶艺作品。

将拉好的器型从拉坯机的转盘上取下来

器型拉好后，最后一步是将其从拉坯机的转盘上取下来。如果使用了拉坯垫板的话，只需将垫板从拉坯机的转盘上取下来就可以了。如果是在拉坯机的转盘上直接拉制的话，则需要将器型从拉坯机的转盘上切割下来。切割器型之前先把拉坯机关掉，之后借助割泥线将其从拉坯机的转盘上割下来。假如割到一半时卡住了，先往拉坯机的转盘上洒些水，之后再次拖动割泥线，直到器型与拉坯机的转盘彻底分离为止。在拖动割泥线的过程中，由于水也会被其带入器型的底部，所以很容易将二者分离开来。

在移动器型的过程中，拿起它可能会出现变形现象，这是正常现象，可以先将其放在一个垫板上，之后再纠正。纠正变形部位时，需先将手放在器型内部的底板上，一边转动手指（180°）一边向上提拉，就像要再次拉坯一样。这样做可以从变形部位的起始点（器型底部）一直到其结束点（器型口沿）彻底地加以纠正。如果只纠正器型口沿的话，当坯体尚处于湿润状态时看上去仿佛已经没什么问题了，但这只是表面现象，随着器型逐渐干燥，问题会再次显现出来。

审视器皿的内部

器型的横截面展示了坯体从泥块转变为杯子的过程。在拉坯的过程中，建议大家时不时地把器型切成两半看一下，这样做的目的一来是为了检查器壁的厚度，二来是为了更好地判断器型在拉制过程中每个阶段的进展情况。

第二章：

拉坯基本功

关于拉坯成型法，假如你认为这里面存在什么捷径的话，我告诉你一个坏消息：只有通过刻苦练习才能逐步完善你的技术及设计理念——只有经过长时间的训练才能拉制出完美的器型。但这并不意味着在你磨炼自身技能的漫长过程中，做出来的全是些千篇一律的无聊作品。器皿的造型多种多样，在学习拉坯成型法的过程中，你会发现陶艺家的成长轨迹绝对不是一条简单的线性路径。

举例来说，在我的学艺生涯中，注意到我在不同领域的进步不一定是同时发生的。有些时候，拉坯技巧会随着我的改进技术或者更改器型而有所提高。有些时候，观念和思维会随着我的创造力的蓬勃发展而展现出更多的潜力。这种呈反复状态的进步是十分正常的，应该欣然接受它。我们的目标是建立一个可持续发展的模式，不断接受挑战并因此而感到振奋。

对于初涉陶艺领域的新人而言，本章将从分析并解决拉坯过程中最常见的问题开始讲起。学习拉坯成型法，最初的几个月可能让人感到心情沮丧，教育家将此阶段称为近端发展区。处于此区域的人感受到的是烦躁、厌倦及强烈的挫败感，让人渴望逃离。本书以及本章的练习是为了将你推至舒适区。假如此刻你正处于挣扎阶段，那么请记住，此刻的心情是日后发展的必要组成部分。在这个世界上，学习任何一种技能都是从不擅长开始的，贵在坚持，它最终将成为你打开新领域大门的金钥匙。通过持之以恒地练习，你会逐渐克服上述问题，随着时间的推移，你甚至会发现自己已经被其深深地吸引！

除此之外，本章还将向各位读者介绍修坯技法，可以通过去除多余的黏土来重新塑造器型的轮廓线。器型的内部空间及器壁之间的平衡将在很大程度上决定作品的最终重量和形状。你会发现许多带有笔直轮廓线的器型几乎仅靠拉坯就可以完成，在后期的修坯环节中只需要对其底足稍作修整就可以了。而对于那些带有曲线形轮廓线的器型而言，在后期的修坯环节中则需要大力修整，特别是底足部分，只有将底足和器身进行明显地区分，才能在视觉上令整个器型具有提升感。

对于绝大多数器型而言，只需修整其底部 1/3 的位置就可以了。基于这一点，在拉坯的时候一定要注意器型底部的处理方式。除此之外，还应该考虑整个器型的轮廓线。从 3 m 远的位置观看与将作品握在手上观看作对比，其轮廓线看起来有何不同？以我为例，我可不想做一件只能远观不能细看的作品。

常见问题及其解决方法

在正式开始训练技能之前，先来看看随着技能的进步，可能会遇到哪些问题。很多问题是由于我们对自己的身体以及身体对黏土的影响缺乏认识导致的。本节将重点介绍身体姿势、拉坯机转速，以及相关的技法，帮助你拉制出更加完美的器型。

拉坯机转速

你可以轻松地控制拉坯机的转速。在拉坯的过程中，可以通过踩脚踏板让拉坯机加速或者减速，进而达到令其转速与成型过程相适宜的目的。具有讽刺意味的是，这是许多初学者最为挣扎的地方。一般来说，在找中心的时候应当让拉坯机以最快的速度旋转，然后逐渐减速，直到完成整个器型为止。我将拉坯机的转速分为四个级别，具体如下。

4/4 转度：在找中心的过程中，当泥块的重量超过 11 kg 时应该采用此转速。在正常的拉坯过程中则不需要这么快的速度。

3/4 转度：在提起或者下压泥块的时候，应该采用此转速或者稍慢一些。

2/4 转度：在开泥、提泥及塑型的时候，应该采用此转速。有些拉坯者在此阶段喜欢将拉坯机的转速稍微调快一点。

1/4 转度：在对作品进行诸如修整口沿、趁坯体未干刻画肌理等深度修整的时候，应该采用此转速。

拉坯机转速的控制问题其实是伴随着拉坯者的恐惧心理出现的。想要拉制出一个高大的圆柱体时，假如感到紧张的话，将拉坯机的转速放慢一些就会好很多，但转速过慢通常会导致拉力不均。当拉泥速度与拉坯机的转速不匹配时会产生螺旋效应，进而导致器型偏离拉坯机的中心。不加以留意的话，很容易让拉坯机超速运转。事实上，刚刚开始学习拉坯成型法的学生经常会经历“赛车效应”，这是一种无意识的加速，当他们开始紧张的时候就会发生这种现象。也说不上来是什么原因，总之，拉坯者的心跳速度与拉坯机的转速之间似乎存在着某种奇妙的联系！

当你发现拉坯机的转速太快或者太慢时，深呼吸并根据上面各环节转速的参考标准重新调整。如果拉坯机带有可调节的脚踏板，那么可以先将拉坯机的转速设定在一个适宜的速度上，之后把脚从脚踏板上移开会好一些，这样做可以有效防止你无意识地改变拉坯机的转速。

找不到中心

找不到中心是拉坯者遇到的第一项难题。但对于很多初学拉坯的人而言，该问题是由于身体姿势不正确导致的。开始找中心的时候，躯干和双臂应该呈现三足鼎立的姿态，背部要尽可能地挺直。将双手放在泥块上，前臂放在拉坯机的储泥盘上或者支撑在膝盖上。当躯干和双臂保持三足鼎立的姿态时，你虽放松但也要足够坚定，此时如果有人从侧面推你的肩膀，你的躯干要仍能保持不动摇才行（图 A）。找中心的目的是让泥块位于拉坯机转盘的正中心，而不是让身体随着泥块左右晃动。

当肘部缺少支撑时，手腕和双手很容易随着泥块晃动，采用这种不正确的姿势是难以找到中心的（图 B）。为了更好地理解稳定性，请把你的肘部、手腕，以及手指想象成一条链子。只要其中任意一环受到影响，其他

A

B

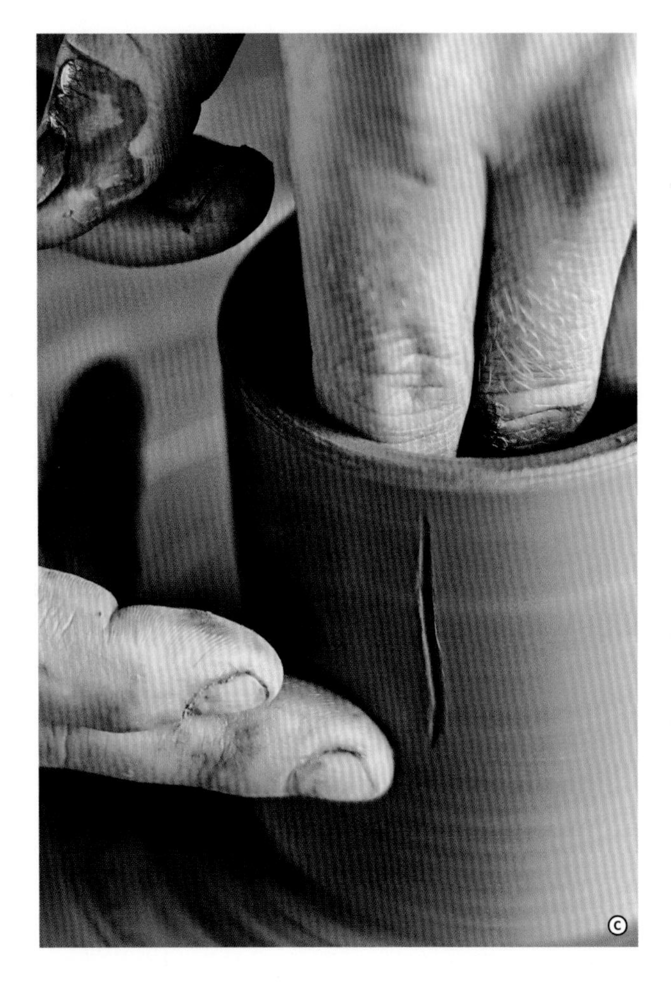

环结就会随之移动。当身体各部位无法保持静止时，试着闭上眼睛，将注意力放在身体的各个部位，重新调整姿势直至不再晃动。

提泥速度不均

另外一个常见的问题是在塑造器壁的时候提泥速度不均。当拉坯机的转速与提泥速度不匹配时就会出现这种问题。无论拉坯机的转速是慢还是快，手指留在器型某个部位的时间要足够长，以确保其在旋转一圈期间，每一寸区域都能接触到，然后进一步向上提泥。当拉坯机的转速比提泥速度慢时，就会出现器壁薄厚不均的问题。相反，假如拉坯机的转速太快的话，你很难追赶上它的节奏。除此之外，摩擦力过大也会导致器型扭曲。

为了使提泥速度与拉坯机的转速精准匹配，建议做下面这个测试。先把拉坯机停下来，之后在器型的外表面画一条线（图 C）。像平时那样提泥并观察那条线受到的影响。当拉坯机的转速与提泥速度完全匹配时，整个线条都会被擦掉；而当拉坯机的转速比提泥速度慢时，则只有一部分线条会被擦掉（图 D）。当拉坯机的转速比提泥速度快很多时，你会感到摩擦力加剧，器壁会在拉力的作用下产生扭曲现象。以不同的速度重复上述测试，将有助于你在提泥速度太快或者太慢时获得更加敏锐的感觉。

过度补水

黏土具有多孔结构，在拉坯的过程中该结构会发生变化。就像海绵一样，吸水越多，其形状就越难保持。为了让黏土适当水合，在拉坯的过程中，可以借助海绵将水蘸在器型上有需要的部位（图 E）。不要把水直接倒在器型上，会导致黏土过度水合，进而难以成型。

除此之外，过度补水还会引发另外一个的问题——在离心力的影响下，器型更容易变形。我经常看到这种情况：在拉坯者没有将拉坯机的转速降至适宜速度时，过度补水导致圆柱形变成了碗形。过度补水的最佳解决方法是使用小器皿盛水。当把一个 7.6 L 的水桶放在拉坯机转盘旁边时，会下意识地使用更多的水。试着把一个仅能盛放 0.75 L 水的容器放在拉坯机的转盘旁边，看看是否能减少你的用水量。

气泡

揉泥或者挤泥方法不当会导致空气混入泥块内部。在提拉器壁的时候，手指会触摸到宛若硬块的凸起部位，那是残留在泥块中的气泡，可以通过以下方法排出气泡。先用钢针在硬块部位扎 3 个小洞（图 F），之后把肋骨形工具放在小洞上，水平方向刮动，如此一来就可以将空气挤压出去（图 G）。再次拉坯时，你会感到气泡的原有位置出现了凹坑。用手指或者肋骨形工具对该部位均匀施压，使其再次恢复平滑。

如果经常遇到气泡的话，那么罪魁祸首很可能是揉泥方法不正确。这表明你在揉泥过程中的某个时刻将泥块折叠起来，空气被掩藏在折痕中。解决这一问题需要在螺旋形揉泥法或者牛头形揉泥法揉泥时，确保用力适中，边缘部位挤出来的泥块体积要小并要将其折回泥块的主体。揉泥动作应当是平稳的滚压动作，而不是猛烈的翻滚和折叠动作。

除此之外，在揉泥之前先将桌面上残留的干泥屑清理一下也很有必要。在揉湿泥的时候，干泥屑很容易混入其中。由于湿泥的收缩速度比干泥的收缩速度快很多，所以器型上混入干泥屑的部位极易开裂。揉泥桌面要保持清洁且干燥，以揉泥时泥块不黏结在桌面上为宜。

技法精进

到目前为止，我们已经找出并解决了拉坯过程中有可能遇到的问题。接下来，将进入更加有趣的部分：如何成为一名更厉害、技能更加卓越的拉坯者！本节的目标是改善你的手眼协调能力，提高你对比例的理解。虽然这些练习的挑战性并不是很强，但是它将为你的持续进步奠定坚实的基础。

拉 10 个器型

准备 10 块泥，每块泥的重量均为 0.45 kg。拉 10 只形状及比例不相同的杯子。把这 10 只杯子画在速写本上，从 10 只杯型中选出最喜欢的那一个备用，之后将落选的 9 只杯子再次揉成泥块。强烈建议大家每人准备一个速写本，把平日里的练习都记录下来作为参考资料留存。某次练习中未被选择的器型或许能成为你日后设计的最佳选择！用新泥块重复拉制之前选择的那只杯子的比例和形状，修坯、素烧、施釉并釉烧。

以 10 个为一组进行练习，尽量一次完成。在几个小时的练习过程中，你将拉制 19 个器型，其中 10 个是要最终烧制出来的。在练习上多花点时间，将不喜欢的器型再次揉成泥块，多拉一些你喜欢的器型，这样做有利于形成自己的风格。在陶艺工作室里最难克服的一个信念是：做的每一件作品都应该被保存下来以便日后销售。这种信念对于提高工作效率或许是有益的，但是对于激发你的创造力而言却是无益的。即便如此，也请你把以 10 个为一组的练习进行下去。如果用这种方法练习拉制更加复杂的器型，建议把练习的数量再增加一些。

借助二维草图和模板加深对器型的理解

上述方法是通过重复的练习来加深对器型的理解。另外一种练习方法是从二维草图开始，之后将其转变为三维的器型。这种方法对于尚处于起始阶段的复杂器型或者想法而言极其有益。以我为例，当我的脑海中突然出现某个器型，工作室又找不到与之相似可供参考的实物时，便会采用这种方法进行练习。

先在速写本上将想到的器型画下来，之后在上面画水平线以及垂直线。画出口沿、器身，以及底足之间的比例关系。绘图的目的是找到你想法的核心部分。将器型分解成若干个小的组成部分，之后用硬纸板做成器型的轮廓线模板。把二维草图和模板摆在面前，参考它们拉制出三维器型。在器型、草图及模板之间作比较，尝试找出三维器型与二维草图之间的差异。于我而言，器型的曲线角度或饱满度似乎总需要改进，模板在帮助我发现问题症结所在的时候起到了非常重要的作用（图B）。持续练习，直到可以准确地将二维草图上的器型转变为三维器型为止。

B

用更重的泥块进行练习

这种练习方法和举重运动员通过逐渐增加杠铃的重量来慢慢提升体能差不多，用更重的泥块进行练习可以让你逐步拉制出更大体量的器型。准备 3 块泥，其重量分别为 0.7 kg、1.4 kg 和 2.8 kg。先用 0.7 kg 的泥拉一个器型。之后用那块 1.4 kg 的泥拉一个造型完全一样但比例有所增大的器型。最后用 2.8 kg 的泥再拉一个造型完全一样但比例更大的器型（图 C）。

C

假如你想拉制盘子或者碗之类的扁平形器型，可以将它们叠摞在一起观察其体量递增情况；假如你想拉制杯子或者水罐之类的垂直形器型，可以将它们排成一行观察其高度递增情况。试图让所有器型成比例递增的话，可以借助卡规或者其他测量工具确保其递增比例的准确性。随着技艺不断进步，你将拉制出体量更大的器型，并可以控制更重的泥块。当你可以掌控上述重量之后，试着用更重的泥块进行相同的练习，从 3.6 kg 的泥块开始练起，直至能够驾驭 7.2 kg 的泥块。

器型和构造

在这里，我想强调一下陶瓷器型的设计原则。我们经常会看到一些跨越文化和时空的复制型作品，复制并不是制陶的原则，但可以帮助你形成个人风格。将经典造型上的有益参数为己所用，有意识地去创造一种观赏及评判陶艺作品的新方式。

器壁的厚度与器型的重量

把一只用拉坯成型法制作的杯子和一只用注浆成型法制作的杯子拿在手中作比较时，会发现它们给你的感觉是不一样的。二者所用的黏土重量或许是相等的，但其手感重量却完全不同，原因在于黏土在器壁上的分布方式不同。用拉坯成型法制作的杯子，器壁的厚度从上至下有所区别；而用注浆成型法制作的杯子或者用泥板成型法制作的杯子，器壁的厚度从上至下均匀一致。将二者相比较时会产生一种错觉，用注浆成型法制作的杯壁仿佛是空心的；用拉坯成型法制作的器型，其器壁轮廓线和结构都有微妙的变化。

我早年间做过一段时间的拉坯工人，当时我致力于做出器壁非常薄、非常均匀的器型。离职之后我意识到一味地追求薄的想法是有问题的。我能掌控拉坯的精准度并为此感到自豪，但过度精准让我的作品呈现出一种僵硬和无趣的面貌。黏土能将拉坯者制陶时的感受记录下来，随着技艺不断精进，我的手法越来越放松，越来越随意，作品也逐渐呈现出蓬勃的生机。我的近期作品在保持平衡性的同时不失意趣，有一定的分量和薄厚不均的器壁。

平衡点的位置取决于器型。例如，要想让垂直形器型保持平衡，器型底部就应当稍重一些。其整体重量需适中，不盛水的时候不能让人感觉和盛满水一样重或者感到器型头重脚轻；要想让扁平形器型保持平衡，大部分重量应当位于其中心轴上。当平衡点的位置适当时，器型就可以保持稳定，在使用过程中不易出现倾斜现象。

除了平衡之外，与器壁厚度相关的另外一个因素是在使用的过程中，需确保器身与其他物质的表面相接触的部位应具有足够的持久性。例如，最好将碗的底足和口沿做得厚一些，以便于上述部位足以承受来自桌子和餐具的撞击。对于其他类型的器型而言，则可以将其器壁拉制或修整得薄一些，以便于降低器型的整体重量。有些时候，将瓷器的口沿做厚一些可以有效预防器型在烧制的过程中变形。增加器壁的厚度可以降低黏土的热塑性。

► 照片中的大瓶子是由凯尔·卡朋特（Kyle Carpenter）设计制作的。瓶壁各个部位的厚度并不相同，底部要支撑来自上方结构的重量，因此该部位的厚度最厚。拉坯器型的显著特点之一就是器壁的厚度不同，拉坯器型也因此具有独特的重量和平衡感。

照片中的这只汤碗是由迈克尔·亨特（Michael Hunt）和纳奥米·达格利什（Naomi Dalglish）合作制作的，仔细观察后可以窥探到其成型轨迹。透过流动的釉色可以看出碗口并非是水平的。这是用脚蹬式慢轮制作的拉坯器型的常见特征。

拉坯机转速、肋骨形拉坯工具、器型的张力

随着拉坯设备的不断发展演化——从手动慢轮转变为脚蹬式慢轮，再转变为电动拉坯机，器型的内部结构也随之发生了变化。其原因是拉坯机的转速增加以及使用不同类型的拉坯设备拉坯时，其使用方式各有区别。关于拉坯机的转速并没有什么必须遵守的硬性原则，但使用慢轮拉坯与使用电动拉坯机拉坯相比，前者拉制出来的器壁厚度更具多变性。

这在很大程度上是由于拉坯机的转速增加后，工具与泥块的外表面接触时受到的影响不同所致。使用慢轮和肋骨形工具拉坯时，工具会在泥块的表面压出一个凹坑，同时改变器型的内轮廓线及外轮廓线；而使用电动拉坯机和同样的肋骨形工具拉坯时，工具只会从泥块的表面略过，并不会对其形状造成任何影响。船只横渡海面时会产生水上滑行效应，这一点与上述拉坯原理是一样的。船移动得越快，就越感觉不到海浪，因为此刻的船是在海浪的波峰之间跳跃，而不是沉入水中。由于拉坯机的转速差异极其细微，几乎感觉不出来，但是它会改变你对器型的感知方式。

另外一个可能影响器型张力的因素是肋骨形工具的使用。有些时候，拉坯者会借助肋骨形工具拉制器型的内轮廓线及外轮廓线。用肋骨形工具拉制出来的器壁十分光滑，器型看上去非常紧致；而不借助肋骨形工具拉制出来的器壁受压较小，器型看上去显得有些松散。仅靠双手拉坯和借助工具拉坯并没有高下之分，事实上大师级别的拉坯者往往会将上述两种方式结合在一起使用。你也可以根据自己的喜好任意选用这两种拉坯方法。在学习拉坯成型法的过程中，必须考虑很多因素，是否使用工具仅仅是其中一条而已。

轮廓线的延伸性

设计器型的时候，需考虑其轮廓线在空间中的延伸性。想象一个气球落在一个金属桶上。即使不把气球提起来，你也可以脑补出沉入桶内那部分气球的曲线。在设计陶瓷器型的时候，也要脑补出其放置在桌子上之后“沉入”桌面的那部分轮廓线。许多日用陶瓷产品设计师都把这条具有隐藏属性的轮廓延伸线视为作品上最吸引人的一个方面。

这一设计原则既适用于圆底器型，也适用于平底器型。当把一个带有平底的圆柱形陶瓷作品放在一张桌子上时，其形状视觉分割线就是桌面。当把这种视觉分割原理应用到一个带有曲线的陶瓷作品上时，其形状视觉分割线会延伸到桌面以下的部分。圆底器型带有隐藏属性的轮廓延伸线，其延伸程度取决于底足的高度和曲线的角度。很多制陶者热衷于此，其原因是这种设计方式会令器型具有一种提升感。至于圆底器型和平底器型哪一种更好，这纯属个人偏好问题，虽说是偏好，在设计器型的时候也不能忽视。设计圆底器型的时候，应将其形状视觉分割线的位置与其他设计原则综合在一起考虑。

琳达·阿布克（Linda Arbuckle）制作的带盖罐子就是一件平底器型的例证。盖子及底足的轮廓线与桌面呈垂直角度。与盖子和底足相反的是圆形的器身，它就像一只碗一样，具有隐藏属性的轮廓延伸线一直延续到桌面以下的部分。

通过按压坯体的内部和外部塑造器型

在塑造器型的时候，可以通过按压坯体的内部和外部的方式来改变其轮廓线。按压坯体的内部会使器型呈现出空间膨胀感；而按压坯体的外部则会使器型呈现出空间收缩感。为了平衡这种收缩感，结束塑型的时候最好将坯体的内部也按压一下。这种操作方式就好像器型正在做深呼吸一样。

用一大块泥拉制多个器型

到目前为止，前文中讲述的绝大部分练习都是用一块泥拉制一个器型。用这种方式拉坯有助于判断你的技能是如何一步步提高的，你可以用一块泥拉制出大体量的器型。除此之外还有一种方法，即用一大块泥拉制多个器型。当器型的体量较小时，采用这种方式拉坯可以有效地节省时间，所以许多制陶者在面对数量较多且形状类似的器型时都会选用这种方法。我经常使用这种方法拉制提钮和盖子。

1. 将一块 1.4 kg 或者更重的泥块放在拉坯机的转盘上。通过提拉和按压的方式找中心，就像要拉一个大罐子一样（图 A）。进行第二次提拉动作时只触及泥块顶部约 7 cm 的位置。在接下来的操作过程中，仅处理这一部分泥块。其下方的泥块将用于拉制其他器型。

2. 向下推压开泥，同时塑造出器型的底部（图 B）。开泥的时候不要压得太深，因为此刻你很难判断底部泥块的厚度。在经过了长时间的练习之后，仅需快速一瞥就可以预测出其按压深度。继续拉制器壁，对于器壁的厚度和形状的考虑与直接在拉坯机的转盘上拉制器型时完全相同（图 C、图 D）。

3. 在拉好的器型从大泥块上取下来之前，先用木质修坯刀或者其他修坯工具清理一下底足的边缘（图 E）。将割泥线放在器型的底部并拖动，使器型从其底下的大泥块上脱离开，最后将切割下来的器型从大泥块上取下来（图 F）。在切割的过程中如果出现卡顿的话，可以一边轻转拉坯机一边将器型轻轻地提起来。

4. 假如想拉制很多具有相同形状和相同体量的器型，需在大泥块上重新分割出一块泥，其体量与之前拉制的器型所使用的泥量相等。为了精准复制初始泥块的体量，我经常会使用卡规或者其他测量工具。按照上述步骤持续练习，在大泥块用完之前尽可能多拉制一些器型。如果大泥块的总重量为 3.6 kg，而你拉制的单只杯子的重量为 0.45 kg 的话，那么可以用这块泥拉出 8 只杯子来。

A
B
C
D
E
F

修坯基础知识

虽然在将器型从拉坯机的转盘上取下来之前可以对其进行一定程度的修整，但绝大多数修坯工作都是在将器型从拉坯机的转盘上取下来并晾晒至半干之后进行的。坯体处于何种干湿状态更适合修坯，这一问题在很大程度上取决于个人的喜好。用陶器坯料拉坯时，我会趁着坯料尚处于湿润状态时修坯，这样就可以将旋切下来的碎泥屑及时地回收再利用了。与此例证相反的是景德镇的瓷器坯料，由于这种坯料具有触变性，因此更适合在彻底干透后修坯，在半干状态下修坯极易出现器型坍塌的现象。由此可见，什么时候修坯和采用何种方式修坯，取决于你所选用的坯料类型以及作品的形状。对于扁平形器型而言，最好在坯体处于半干状态时修坯，此阶段修坯不易损伤其内轮廓线；对于高大的花瓶而言，则最好在其底足部位仍处于柔软状态时修坯，其原因是此阶段修坯花瓶的底足会以极快的速度干燥并保持其形状不变。关于修坯并没有什么必须遵守的硬性原则，但不建议在器型的口沿尚处于柔软状态时修坯。随着时间的推移，你和黏土之间的关系会越来越亲密，它会告诉你什么时候修坯最合适。

底足的位置取决于器型上水平壁和垂直壁之间的关系。经过修整后的底足外轮廓线应当位于水平壁和垂直壁交汇点的下方。初学拉坯成型法的人经常会将底足修得过薄、过深，或者与此相反，修得过厚、过浅进而导致整个器型的重量过重。为了避免上述问题，在将器型倒扣在拉坯机转盘上之前，先标记出底足的深度和宽度是个不错的

照片中的这些茶碗是由迈克尔·亨特（Michael Hunt）和娜奥米·达尔格利什（Naomi Dalglish）设计制作的。刚刚修好的坯体等待涂抹泥浆装饰层。

办法。修整平底器型的时候，先将一只手伸入坯体内部直到碰到其侧壁为止。以水平姿态端拿器型，在其外侧底部画一条线，线的位置位于侧壁的起点处（图 A）。之后将器型垂直竖立起来，在与此刻位于坯体内部那只手所接触到的侧壁起点相对应的部位做一个标记，上述两条线之间的距离就是平底器型的最佳底足深度（图 B）。采用上述划线方法标记圆底器型的底足深度时，划线位置有很多种选择，但一般的原则是：应当让经过修整后的底足外轮廓线位于器身最宽处水平线以及垂直线交汇点的下方，只有这样整个器型的曲线才不至于被底足的轮廓线破坏。

做好标记之后将器型倒扣在拉坯机的转盘上。一边慢慢地转动拉坯机一边轻敲器型的边缘，直至其位于拉坯机转盘的正中心为止（图 C）。或者可以将刻在拉坯机转盘上的同心圆作为参考（图 D），一边慢慢地转动拉坯机一边用钢针轻触器型的外表面，以此来探测器型与拉坯机转盘中心轴之间的距离有多远（图 E）。无论使用哪一种方法都需确保将器型的中心轴与拉坯机转盘的中心轴重合在一起。只有二者彻底重合时，才能在器型的正下方修整出一个规矩的底足。

正式开始修坯之前的最后一步是在倒扣的器型口沿周围黏一圈黏土，以便将器型牢牢地固定在拉坯机转盘的正中心上（图 F）。黏黏土圈时施力方向要朝向拉坯机的转盘，而不是推向器型。其原因是器型的口沿此时仍处于未完全干透的状态，过度施压极易导致口沿变形。

把器型固定到拉坯机转盘的正中心之后，将拉坯机的转速调至1/2速度。这时，将金属质修坯工具或木质修坯工具压在器型的外表面就可以将多余的黏土旋切掉了。很多制陶者使用宽边金属环形修坯工具从器型上旋切多余的黏土或者修整底足的外轮廓线（图G）。当底足的形状初具规模之后，可以将其内外轮廓线都修整一下，以使二者的线条走向更加匹配。

大多数制陶者在修整底足的内轮廓线时会使用小环形修坯工具或带有直边的修坯刀（图H）。继续修坯，直到底足的内外两条轮廓线完全匹配为止（图I）。

一般来说，一次能从器型上旋切掉多少黏土取决于拉坯机的转速及修坯工具的锋利程度。将拉坯机的转速加快一些并在修坯工具上施以较轻的力度，从器型上旋切掉的黏土量相对较少；反之，将拉坯机的转速减慢一些则能从器型上旋切掉较多的黏土。当拉坯机的转速较慢时，器型的外表面通常会留下十分清晰的修坯痕迹，可以将其作为一种独特的装饰性肌理保留下来。

最后，作为备选项目，可以使用尺寸更小的环形修坯工具或尺寸更小的直边修坯刀精修底足。对于那些拉坯特征较为明显的器型而言，在修坯的时候需考虑其整体统一性。将湿海绵或者橡胶质肋骨形工具抵在器型的外表面上旋压，可以仿制出类似拉坯时产生的痕迹。当坯料内部含有大量粗沙粒时，修坯后会形成非常粗糙的肌理，这些肌理会对釉料产生极大的影响，这一点必须加以考虑。透明釉会将修坯过程中在器型外表面上形成的每一个凹坑和每一条缝隙都完全显露出来；而缎面乳浊釉则会将器型外表面上的所有肌理彻底覆盖。

精修底足

在漫长的陶瓷发展史中，出现了各种各样的经典器型。无论何种文化的哪一个时期，有四种核心器型反复出现：内凹形器型、外凸形器型、直边形器型、带有雕塑图案的器型。在为器型设计底足的时候，请考虑一下该如何令其轮廓线达到强化其他设计元素的目的。为一只扁平的碗设计一个外敞形圆底，会令这只碗看上去更加圆润流畅；而为其设计一个矩形方底的话，这只碗则会因强烈对比而显得更加硬朗。当对比性因素和谐共处时，不但可以增强器型的力量感，还能为后期装饰提供更多的空间。

日用陶瓷器皿修整底足最常见的三种款式，从左到右依次为：直边底足、外凸形底足、内凹形底足。可以将三种款式都试修一番，也可以开发具有个人风格的款式。

当你面前摆放着四种器型时（内凹形器型、外凸形器型、直边形器型、带有雕塑图案的器型），思考一下可以通过什么形式改变其原始造型。在外凸形器型的曲线过渡点上修出一圈薄薄的环带，会让人感觉这个器型仿佛坐在基座上一样。在这条环带上雕刻莲花或者几何纹饰，会令整个器型散发出蓬勃的生机。

底足最末端的曲线也应被视为设计关键点。在使用的过程中，末端呈圆角状的底足最具持久性。对于那些需要经常被移动的器型而言，最好为其设计一个末端呈圆角状的底足；而对于那些一经摆放就再也不会被移动的器型而言，则最好为其设计一个末端呈平角状的底足，以便增大底足与桌面之间的接触面。将二者做一番比较可以发现，虽然末端呈平角状的底足更易破损，却也具有独特的美学和实用价值，可以让盛放在其内部的食物呈现出别样的风貌。

在修坯的过程中必须考虑底足的厚度。经过修整后的底足厚度会影响器型的整体重量平衡。带有厚重底足的日用陶瓷器皿更结实、更耐用；而带有轻薄底足的日用陶瓷器皿在某些特殊的场合中显得更精致。首次设计器型时，建议拉制 3 个形状相同的器型，唯一的区别是其底足的形状和厚度各有不同。修坯结束后，将它们拿在手上同摆放在桌面上进行比较，评判其各自的美感以及重量平衡。闭上眼睛并把器型从一只手换到另外一只手中，仔细感受其重量平衡。思考一下什么形状的底足更易抓握。

有些时候，或许并不需要通过底足来提升器型。无论一个器型有没有底足，都需要考虑如何将其底部修整得更加完美。拉制没有底足的器型与拉制有底足的器型相比，前者的开泥深度更深。拉制没有底足的器型时，由于泥块的剩余量更多，所以可以将其体量拉得更大一些。压紧器型的底部，确保将其从拉坯机的转盘上取下来时，器型内部的底板上没有丝毫水分残留。可以借助拉坯棒或者肋骨形工具压紧器型的底部。这样做可以有效预防器型内部的底板上出现 S 形裂缝，以及其他部位因缺少压缩而产生的问题。

手工雕刻椭圆形底足

在某些情况下，可能需要为器型设计制作一个非拉坯成型的底足。例如，通过手工雕刻的方式为器型制作一个异形底足。

可以借助金属质肋骨形工具将多余的黏土旋切掉。如果想先在纸上勾画出底足的式样，建议用硬纸板制作一个模板，在模板上勾画出底足的轮廓线。除此之外，无论打算采用何种方式为器型手工雕刻底足，操作时最好将器型倒扣在一个柔软的泡沫板上，它能将器型固定在适当的位置且不会损坏其口沿。

湿修并拉制底足

虽然绝大多数器型都是处于半干状态时修坯，但是对于那些需要改变其原始造型的器型而言，则更适合湿修（器型尚处于柔软状态时修坯）。首先，必须确保器型的口沿足够干燥，以保证其在倒置状态下仍然具有足够的稳定性！只有当口沿足够干燥时，器型才不会在修整的过程中坍塌变形。用手触摸一下器型的口沿，没在其外表面留下指纹时，就说明其干湿程度适宜，可以修坯。

将器型放在拉坯机转盘的正中心之后开始修坯。但需要注意的是：此时是湿修，尚处于柔软状态的器型对外力的敏感度很高，因此在操作修坯工具的时候切不可用力过大。除此之外我还发现，在进行湿修之前最好先借助台式打磨机或者锉刀将修坯工具打磨一下。用经过打磨的工具湿修器型时压力更加精准，只会旋切掉那些多余的黏土。

当底足的形状初具规模之后，可以在器型上重新拉一个底足。拉新底足的时候只在需要操作的部位蘸些水。注意别让水从器型的侧面流下，其原因是蘸水的部位会形成“弱点”，极易出现问题。

为器型拉新底足的时候，思考一下可以用怎样的方式制作出一个非圆形的底足，以便与器身的形状形成鲜明的对比。由于新拉制的底足尚处于柔软状态，所以你可以将其改造成矩形、椭圆形或者三角形。想要为器型制作一个大底足的时候，可以在坯体底部黏结一圈大泥条，如此一来你就有足够的泥塑造大底足的轮廓线了。拉好底足之后将器型从拉坯机的转盘上取下来并倒置晾干。待新拉制的底足接近半干状态时再将器型翻转过来，以确保底足可以平稳地落在桌面上。在器型的侧部最宽处轻施压力，以使其平衡。

瓦尔·库欣（Val Cushing） 罐子。照片由艺术家本人提供。

凯尔·卡彭特（Kyle Carpenter） 带有鸟形提钮的罐子。照片由艺术家本人提供。

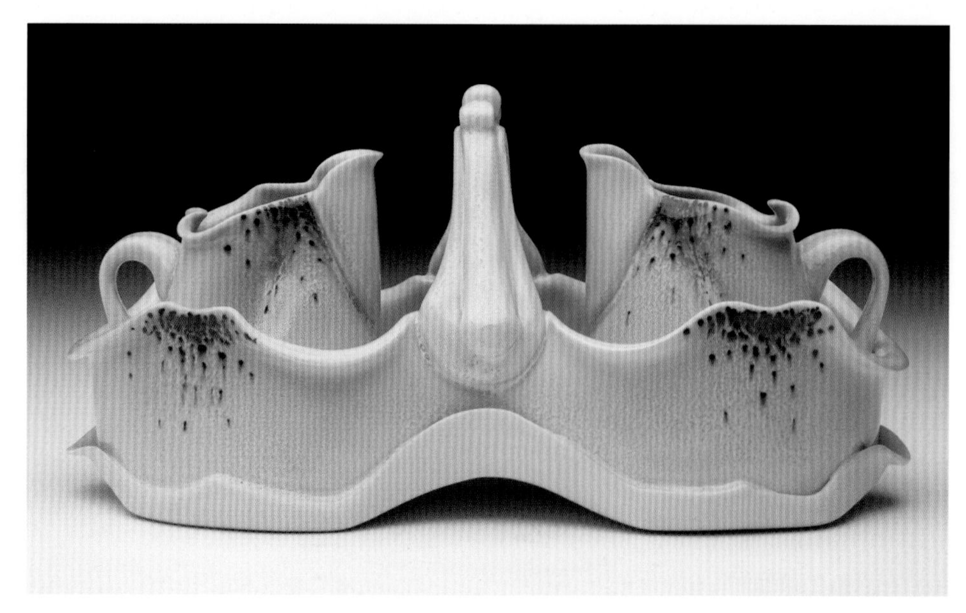

玛莎·格罗弗（Martha Grover）奶油容器。照片由艺术家本人提供。

拉制或者手工制作分接式底足

想要制作一个造型复杂的器型时，可以将底足与器身分开制作，待二者处于半干状态之后再将其黏结在一起。经过反复尝试之后，最终你一定可以掌握制作一只底足所需要的黏土量。如果觉得很难确定的话，可以从较多的黏土开始练习，待修坯时再把多余的黏土旋切掉。初次尝试时，可以参考下列数值：为垂直形器型制作底足时，底足黏土使用量为器身黏土使用量的 1/5；为扁平形器型制作底足时，底足黏土使用量为器身黏土使用量的 1/3。

这种高足碗的底足和碗身是分开拉制的，待二者处于半干状态之后再将两个部位黏结在一起。趁底足泥料尚处于柔软状态时改变其外形，进而达到底足的柔和轮廓线与碗身的坚挺轮廓线形成强烈的对比效果。

借助拉坯机拉制底足时，先为泥块找中心，然后开泥并将其塑造成圆环形。确保圆环的上口沿直径与器身的尺寸相适宜，该部位稍后会与器身相黏结。卡规在测量你想要的精确尺寸时很有用。

先把泥环拉至最大高度，之后将其塑造成想要的底足形状。拉制圆形底足的时候，需确保底足上口沿的倾斜角度与稍后要黏结的器身角度相匹配（图 A、图 B）。可以借助吹风机或者喷灯将拉好的底足烘烤至合适的干湿程度，这样做更便于将其从拉坯机的转盘上取下来。

先将器身倒扣在拉坯机转盘的正中心位置，之后把做好的底足放到器身底部的正中心。将底足与器身接触的部位周圈勾画出来。先把底足拿起来，在画圈部位蘸泥浆并划一些纵横交错的线，之后再把底足黏结上去（图 C）。来回晃动底足，令其与器身牢牢地黏结成一个整体，之后借助橡胶头雕塑工具精修底足与器身之间的过渡面（图 D）。

上述方法亦适用于手工制作的底足。除了拉坯成型法之外，也可以借助泥条成型法、泥板成型法或者印坯成型法为器型制作底足。待底足达到半干状态之后再将器型翻转过来晾晒。

注意事项： 为器型制作分接式底足时，可能需要对底足进行一番修整，以确保其可以平稳地放置在桌面上。

A
B
C
D

经验总结

用一大块泥拉制多个器型：这种拉坯方法适用于把一大块泥拉成很多个小器型。可以使用任意体量的泥块进行这个练习，但是我建议先从 3.6 kg 的泥块开始练。

通过提拉和按压的方式将 3.6 kg 的泥块置于拉坯机转盘的正中心。再次重复提拉动作时，将注意力全部集中在大泥块上方被分隔出来的那部分小泥块上，小泥块的重量约为 0.45 kg。拉一只从下至上逐渐开敞的碗，碗的口径约为 15 cm。就像直接在拉坯机的转盘上拉碗那样仔细地塑造其口沿、器身，以及底足。碗拉好之后借助割泥线将其从大泥块上割下来，移动碗的时候注意不要让其口沿变形。用剩余的泥块拉 7 只碗，直至将所有的泥全部用光为止。用一大块泥拉制多个器型的练习目的是复制相同的造型。刚开始练习的时候，可能难以判断泥块的大小，但重复练习会帮助你掌握每种器型的黏土使用量以及对形状的把握。待器型达到半干状态之后，在器身上修出各种各样的底足——带有内凹曲线的底足、带有外凸曲线的底足、线条平直的底足。

修坯基础知识：将 0.9 kg 的泥块置于拉坯机转盘的正中心。借助金属质肋骨形工具将泥块塑造成类似于倒扣着的碗一样的穹顶形状。待泥块达到半干状态之后，在其上部练习修制 3 种底足的形状——带有内凹曲线的底足、带有外凸曲线的底足、线条平直的底足。一种样式完成之后用钢针将其旋切掉，之后再开始修制另外一种样式的底足。时不时地换用一下其他修坯工具，以便了解每种工具的特性。

为了提高难度，可以试着在同一个底足上作形状切换练习，只要让底足保持足够的厚度就可以。注意手的动作与器型之间的关系。每修完一种底足样式之后，闭上眼睛重复练习。当在闭眼状态下也能修出一个完美的底足时，就可以在真正的器型上修底足了！

其他修坯方法：拉 3 只形状及尺寸近似的碗，每只碗的用泥量均为 0.9 kg。在器型底部预留出至少 0.6 cm 厚的底板，用于塑造底足。为其中一只碗修一个线条平直的底足。

将第二只碗底多余的黏土全部旋切掉。单独拉制一个带有外凸曲线的圆环并将其作为第二只碗的底足。待圆环达到半干状态之后，在碗的底部蘸泥浆并划一些纵横交错的线，最后把圆环黏结上去。

为第三只碗修一个厚重且棱角分明的底足。先在坯体底部黏结一圈大泥条，之后将其拉制成带有内凹曲线的底足。

将完成后的碗并排摆放在一起，比较底足的形状与成型方法。哪种形状和方法更贴近你的设计？用哪种方法制作出来的底足与器身黏结得更牢固？用这种成型方法制作底足的时候很难令其与器身的比例相匹配吗？

佳作欣赏

麦肯齐·史密斯（Mackenzie Smith）盘子。照片由艺术家本人提供。

吉姆·史密斯（Jim Smith） 中式花瓶。照片由艺术家本人提供。

珍妮特·德布斯（Janet Deboos） 葫芦瓶。照片由艺术家本人提供。

布鲁斯·高尔森（Bruce Gholson）、布尔多戈（BullDog） 陶器，蓝莓亚光葫芦瓶。照片由艺术家本人提供。

迈克尔·克莱恩（Michael Kline） 罐子。照片由艺术家本人提供。

苏·蒂瑞尔（Sue Tirrell）红橙碗系列。照片由艺术家本人提供。

堀江文惠　一百只碗。摄影师：迈克尔·威尔逊（Michael Wilson），照片由艺术家本人提供。

第三章：

拉制盖子、提钮、把手、壶嘴

前文讲述的拉坯成型法相当于运动员正式上场前的热身准备，现在你或许已经准备好学习更具挑战性的项目了——由多个部分组合而成的器型。本章将重点介绍盖子、提钮、把手，以及壶嘴的拉制方法，可以将这些拉坯部件组装到任何一个器型上。

在正式开始拉制上述部件之前，建议先把想要做的杯子、水罐和茶壶的草图画在速写本上。在绘制器型轮廓的过程中，会在心里将本章中介绍的各个部件进一步细化，使其与整个器型的造型相协调。在你试图用盖子、提钮、把手，以及壶嘴来增强器型的整体平衡性时，这一点显得尤为重要。第一次尝试时，可能会发现做出来的部件尺寸太小或者太大。我对自己早期制作的茶壶至今仍记忆犹新，每次想起来都会忍不住地笑出声来，我的茶壶把手大到可以穿过一个桶！我与拉坯成型法之间的亲密关系就是在这种充满幽默感的基础上慢慢建立起来的，这些不成比例的器型教会我该如何找到正确的比例关系。当你做了一个很差的茶壶时，不要把它作为圣诞礼物送给你的家人使用，留着自己用吧。有缺陷的器型与完美的器型相比，往往可以从前者学到更多的知识。只有坦然接受不完美的器型，才能知道什么样的器型才是我们心目中的完美器型。

刚开始学习拉制上述部件的时候，黏土的使用量会多一些或少一些，这都是很正常的。早期练习时，用比实际需要量多 2 倍的黏土更易获得成功。与恰当比例的器型或者部件相比，初次尝试时将器型或部件做得大一些，有助于缓解压力以及建立肌肉记忆力。除此之外，建议制作多个尺寸不同的部件，以便为后期拼装预留出更多的选择。

盖子

在正式开始讲解盖子之前，让我们先来认识一下器身和盖子上的关键部件。盖座是位于器型口沿内部的一圈呈直角状的水平凸起物。其作用是将盖子固定在适当的位置上，不允许它水平移动。子口是一圈呈直角状的垂直凸起物，既可以将其塑造在盖子上，也可以将其塑造在器身上。并不是每一个带盖子的器型都必须有盖座，对于那些没有盖座的器型而言，最好将其口沿塑造成垂直的，垂直形口沿有助于将盖子固定在适当的位置。

照片中的这三个带盖罐子是由福里斯特·米德尔顿（Forrest Middelton）设计制作的，它们展示了带盖器型外部空间与内部空间之间的关系。福里斯特在器型内部盖座以下部分绘制了装饰纹样，装饰部位与非装饰部位以盖座为界形成强烈对比。第一次取下盖子时，使用者一定会感到惊喜。

建议起始重量

盖子：用泥量介于 0.23~0.45 kg，或者为器身用泥量的 30%。

设计盖子

在器型拉制好之前先将盖子设计出来。器型的轮廓线必须与盖子的轮廓线相匹配。器壁的曲线必须和盖子的曲线共同组成一条完美且流畅的线条。如果想打破这条曲线的完整性，那么可以有意识地在二者相交处塑造一个视觉焦点。拉制带盖器型的时候，必须在其口沿处预留一圈厚度约 0.6 cm 的泥环。这一圈泥将用于拉制盖座或者当器型没有盖座时用于塑造口沿的厚度。设计口沿是拉制盖座的一个重要步骤。

拉制盖座

在器型的口沿上拉制盖座方法如下：当拉坯机的转盘持续转动时，用左手拇指和左手食指捏住器型的口沿。先将口沿分隔成两个体量相等的部分，之后借助木质修坯刀或者带有直角的金属修坯刀按压位于口沿内侧的那部分泥（图 A）。保持拉坯机的转速不变，向下按压大约 0.6 cm，所形成的泥环就是盖座。

尝试拉制不同深度和不同角度的盖座。对于那些在使用的过程中需要经常倾斜的器型而言，较深的盖座会好一些（图 B）；而对于那些在使用的过程中保持静止不动的器型而言，较浅的盖座更适合。盖座的角度必须与盖子口沿的角度相匹配，确保二者能够紧密地贴合在一起。我发现最简单的方法是把盖座的角度及盖子口沿的角度都做成直角，当然你也可以把它们都做成圆角（图 C）。

拉制盖座是整个器型完成之前的最后一个步骤。调整带有盖座的坯体形状时务必小心操作，在手进出器型的时候千万不要破坏盖座的形状。拉好器型之后，在将其从拉坯机的转盘上取下来之前，先用卡规测量一下盖座的内径（图 D）。将测量值锁定在卡规的适当位置，然后将其放在一边。将器型从拉坯机的转盘上取下来时，千万不要破坏其原有形状。倘若一不小心破坏了器型的形状请按照下列方法修整：先将手放在器型内部的底板上，之后慢慢转动 180° 并向上提起，直至器型恢复其原始形状为止。无论器型是否有盖座，保持口沿的圆度非常重要。

A

B

C

D

瓦尔·库欣针对盖子所做的研究

瓦尔·库欣（Val Cushing）是阿尔弗雷德大学陶艺专业教师，他将漫长教学生涯中的所有收获编写成了一本《陶艺工作室手册》，该书详细介绍了数百个课堂教学项目、釉料测试数据，以及陶瓷作品造型。其针对盖子进行的分类研究是目前世界上就盖子的类型及其适用器型最全面的解读之一。下面是他绘制的一部分盖子图纸以及陶艺作品图片。瓦尔的妻子埃尔西·库欣（Elsie Cushing）目前仍在继续编著这本《陶艺工作室手册》。

照片由艺术家本人提供。

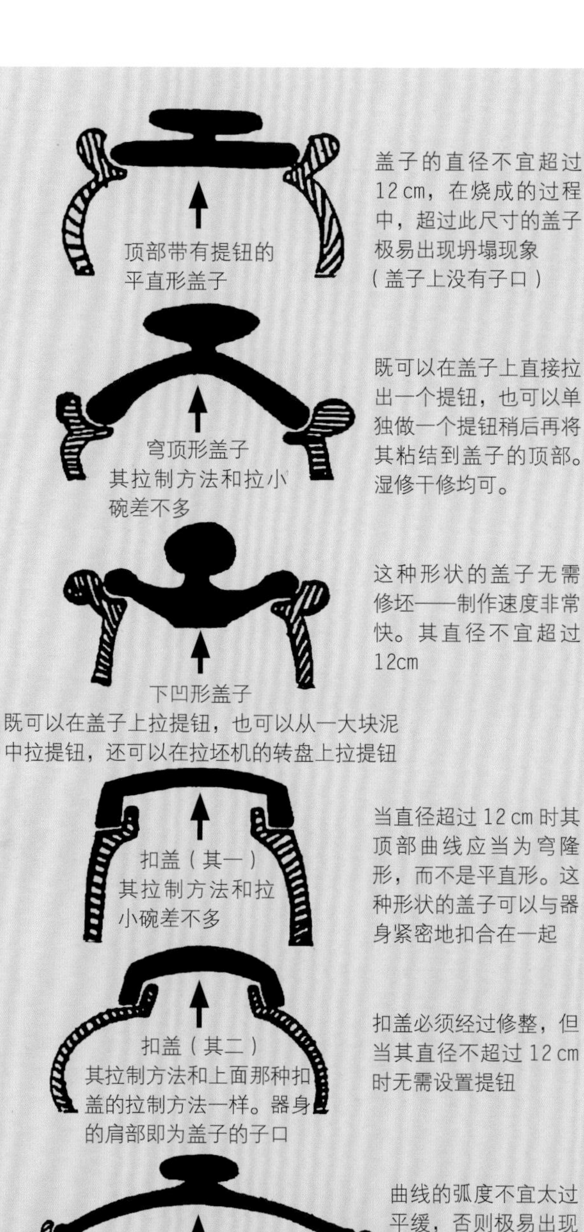

顶部带有提钮的
平直形盖子
盖子的直径不宜超过12cm，在烧成的过程中，超过此尺寸的盖子极易出现坍塌现象
（盖子上没有子口）
穹顶形盖子
其拉制方法和拉小碗差不多
既可以在盖子上直接拉出一个提钮，也可以单独做一个提钮稍后再将其粘结到盖子的顶部。湿修干修均可。
下凹形盖子
既可以在盖子上拉提钮，也可以从一大块泥中拉提钮，还可以在拉坯机的转盘上拉提钮
这种形状的盖子无需修坯——制作速度非常快。其直径不宜超过12cm
扣盖（其一）
其拉制方法和拉小碗差不多
当直径超过12cm时其顶部曲线应当为穹隆形，而不是平直形。这种形状的盖子可以与器身紧密地扣合在一起
扣盖（其二）
其拉制方法和上面那种扣盖的拉制方法一样。器身的肩部即为盖子的子口
扣盖必须经过修整，但当其直径不超过12cm时无需设置提钮
大砂锅盖
其拉制方法和拉大盘子差不多。这种盖子的轮廓线应当为一条流畅的曲线
曲线的弧度不宜太过平缓，否则极易出现坍塌现象
蛋糕碟形盖子其拉制方法和拉碗差不多
黄油碟形盖子其拉制方法和拉碗差不多

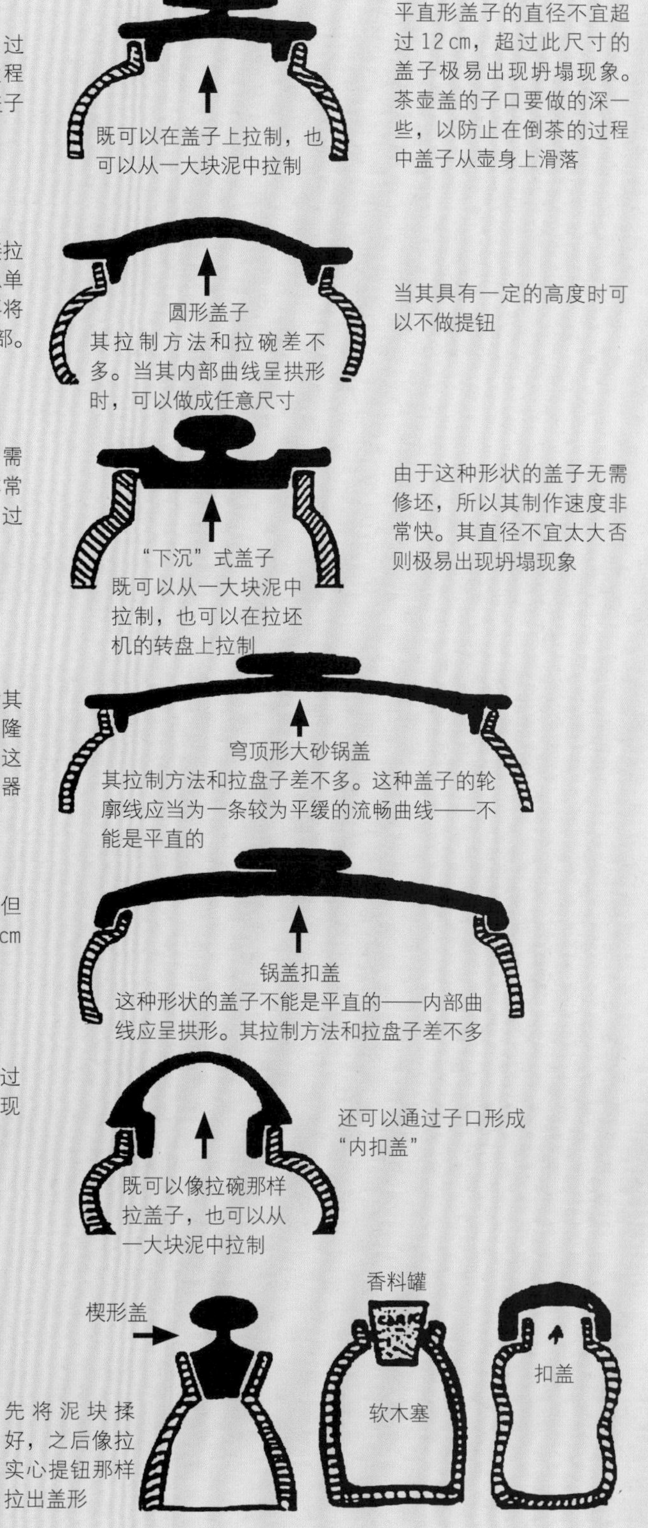

既可以在盖子上拉制，也可以从一大块泥中拉制
平直形盖子的直径不宜超过12cm，超过此尺寸的盖子极易出现坍塌现象。茶壶盖的子口要做的深一些，以防止在倒茶的过程中盖子从壶身上滑落
圆形盖子
其拉制方法和拉碗差不多。当其内部曲线呈拱形时，可以做成任意尺寸
当其具有一定的高度时可以不做提钮
"下沉"式盖子
既可以从一大块泥中拉制，也可以在拉坯机的转盘上拉制
由于这种形状的盖子无需修坯，所以其制作速度非常快。其直径不宜太大否则极易出现坍塌现象
穹顶形大砂锅盖
其拉制方法和拉盘子差不多。这种盖子的轮廓线应当为一条较为平缓的流畅曲线——不能是平直的
锅盖扣盖
这种形状的盖子不能是平直的——内部曲线应呈拱形。其拉制方法和拉盘子差不多
既可以像拉碗那样拉盖子，也可以从一大块泥中拉制
还可以通过子口形成"内扣盖"
楔形盖
先将泥块揉好，之后像拉实心提钮那样拉出盖形
香料罐
软木塞
扣盖

E
F
G
H

拉制盖子

既可以用适量的小泥块拉盖子，也可以从一大块泥中拉盖子（图 E）。想要准确判断一个盖子的黏土使用量是需要进行一定练习的。由于可以通过将多余的黏土旋切掉的方式将盖子修整至适宜尺寸，所以无须过多担心是否使用了过量的黏土。建议将盖子和器身的黏土使用量记录下来，这样就不必每次都要费心揣摩了。

对于带有盖座的器型而言，可以拉一只浅浅的碗，将其倒扣在盖座上作为盖子使用（图 F）。需要注意的是，必须让盖子的外轮廓线与器身的外轮廓线相匹配，所以在拉盖子的时候务必留意其外轮廓线的弧度。借助卡规等测量工具测量盖子及盖座的直径，以便二者的尺寸精准匹配（图 G）。建议同时拉制盖子和器身，以便二者以同样的速度收缩。假如在器身干燥至一定程度之后才开始拉盖子，就必须考虑二者的收缩率。某些卡规上带有收缩率标识，它可以帮助你预测出盖子和器身的收缩情况。

对于那些没有盖座的器型而言，应当在其盖子上修整出一圈子口。先拉一只浅浅的碗。碗的尺寸大致符合要求即可，但需在其口沿上预留一圈泥，这圈泥将用于拉制子口。借助木质工具或者金属质工具向下推压口沿外侧的泥，使之分隔成两部分。被压成扁平状的那一圈泥将置于器型口沿的上部，而没有被压倒的部分将作为垂直的子口置于器型口沿的内侧（图 H）。子口越深，倾斜器型时壶盖越不易从器身上滑落下来（图 I）。由马克 · 休伊特（Mark Hewitt）设计制作的 7.6 L 罐子就是这类盖子的极好例证。必须让穹顶形盖子的外轮廓线与器身的外轮廓线相匹配。由于盖子上没有子口，所以其外沿是直接放置在器型口沿上的。这种类型的盖子非常适合茶壶，将在下一章进行详细介绍。

调料罐和其他带盖器型

为某些日用陶瓷器型设计盖子时，必须考虑盖子与器型内容物之间的使用需求是否匹配。最好的例证莫过于调料罐的盖子，为了方便使用者从罐子内拿取调料，同时避免调料粘在盖子的子口上，子口不做在盖子上，而是做在罐子的口沿上，且其朝向不是水平的，而是垂直向上的。当把盖子放在子口，可以与罐身紧密地扣合在一起。除此之外，这种设计形式还便于将残留在罐子内部的调料彻底清理干净。下列图片中的陶瓷作品，有些器型的子口位于盖子上，而有些器型的子口位于器身内部。

莎拉·耶格（Sarah Jaeger） 罐子。该罐子的盖座位于罐身内部，盖子就放置在盖座上。这种嵌入式盖子很常见，但当其直径较大时很难保证不出问题。烧制大尺寸的盖子时，一定要将盖子放在罐身上烧，这样做可以有效避免盖沿或者罐口曲翘变形，进而导致二者无法完美扣合。

道格·菲奇（Doug Fitch） 罐子。罐子的盖子是头朝下倒扣着拉制出来的，盖子上有子口，子口位于罐子口沿的内侧。这种样式的盖子功能性很强，同时亦成为整个器型的视觉焦点。盖子的水平底沿将罐形分成两部分，盖子的流畅曲线与罐身由手指划动留下的肌理形成了强烈的对比。

埃伦·尚金（Ellen Shankin） 豆形茶壶。该茶壶的盖子上有一圈既深又窄的子口。在使用过程中倾斜茶壶时，子口可以将盖子牢牢地固定在壶身上而不至于滑落。盖子上的提钮角度与壶嘴的角度形成了一种镜像关系。提钮、壶嘴、壶身这三者形成了一个三角形，令整个茶壶看上去非常对称均衡。

马特·朗（Matt Long） 长颈瓶。该瓶子的盖子为扣盖，子口位于瓶体的口沿，盖子扣合在子口的外围。除此之外，马特还借助环氧树脂将一个软木塞黏结在扣盖的内部。上述种种设计形式令盖子紧紧地扣合在瓶体上，即便瓶子倒下也不会有任何内容物从瓶子内部泄露出来。

克丽丝汀·基弗（Kristen Kieffer） 正方形罐子。该罐子的盖子是嵌入式盖子的最佳例证。子口位于罐身内部，但无论是盖子还是罐身都被艺术家改造成了正方形。釉料的颜色强化了罐子的方形棱边，令整个罐形显得更加突出。

为异形器皿制作盖子

有些时候，或许要把拉好的器型改造成异形的，而对于异形器皿而言，很难借助拉坯成型法为其拉制出合适的盖子。为椭圆形器皿、正方形器皿或者矩形器皿制作盖子时，最佳的成型方法为泥板成型法。拉制异形器皿的时候坯体底部没有底板，且需在其口沿处拉出一圈子口（图 J、图 K、图 L）。更改拉坯器型的轮廓线时，需确保在将其口沿向内推压的过程中，子口始终处于水平状态。假如在推压的过程中子口出现下沉现象的话，需用手指将其再次提升至原始位置。拉好器型并将其黏结在底板上之后，用一个塑料袋把它罩起来静置 12 小时，这样做可以令器身与底板的干湿程度平衡。

把塑料袋从器型上取下来并将其晾晒至半干状态。由于此时的器型已经具有一定硬度，所以可以依照其口沿形状为器型制作一个盖子。擀压一块厚度为 0.6 cm 的泥板并将其放在器型的口沿上，泥板的边缘不能与器型的口沿齐平，至少要超出 2.5 cm，超出部分将作为泥板的支撑物。

把橡胶质肋骨形工具放在泥板上来回按压，通过这种方法将器型口沿的轮廓线转印到泥板上（图 M）。待泥板达到半干状态之后将多余的部分切除。把这块泥板反扣过来就可作为该器型的盖子，其外轮廓线与器型内部的盖座完美相接（图 N）。可以借助锉刨工具精修盖子的边缘，以便盖子与异形器皿更加紧密地扣合在一起。

提　钮

做好器身和盖子之后，考虑一下提钮的样式，如何才能同时在功能和审美两方面都达到提升作品品质的目的。提钮既可以帮助使用者抓握盖子，又可以展现出制作者的设计水平。在正式介绍其制作方法之前，我想先讲解一下设计提钮需要考虑的因素。对于那些盛放热食的器型而言，必须考虑热量的传递问题。揭掉盛放着滚烫热食的砂锅盖时必须佩戴棉手套，这就需要为砂锅盖设计一个体型更大、更粗犷的提钮。相反，饼干罐上的提钮永远不会变热，使用者可以直接拿握。因此，为诸如饼干罐之类的器型设计盖子或提钮时可以将其设计得更小、更精致。

琼・布鲁诺（Joan Bruneau）罐子。艺术家为她的花瓣形陶罐拉制了一个蓓蕾形提钮，作为装饰性元素。

为盖子设计提钮时，除了上面提到的功能性问题之外，还需要考虑如何令其形状与整个器型的轮廓线形成统一或对比的关系。一个带有饱满曲线的圆形提钮可以将圆形器皿衬托得更加圆润；而一个雕塑形提钮则可以形成视觉焦点，与器身的形状形成鲜明对比。除此之外，尺寸及比例也是设计提钮时的重点考虑因素。一个比例较小的提钮会将器身及其容积衬托得更大；而一个超大体量的提钮则会将器身衬托得更小，但同时或许也会为整个器型增加一种幽默感或者形式感。为盖子设计提钮的时候，建议多设计几种，可以把每一种类型都尝试一下，以便为后续工作预留更多选择。

建议起始重量

提钮：用泥量介于 0.09~0.27 kg

拉制提钮

拉制提钮的时候，我通常会选择从一大块泥上拉制多个器型的方法。这种方法可以在很短的时间内将适量的黏土塑造成提钮。拉制实心提钮时可以用食指和拇指完成塑型工作（图 A）。体量过大的实心提钮极易在干燥的过程中开裂或者在烧成的过程中炸裂，所以最好将其尺寸控制在一个适宜的范围内（图 B、图 C）。接下来，将介绍四种常见提钮的拉制方法：把手形提钮、空心提钮、矩形提钮、块面状提钮。建议把各种类型的提钮都尝试一下，并在此基础上举一反三，制作出具有个人风格的提钮。

把手形提钮：这种提钮的适用范围很广，可作为砂锅的把手或者其他体型较宽的带盖餐具的把手。想要了解更多有关把手方面的信息，请参阅下一节内容，该节重点介绍把手的制作方法。

空心提钮：如果你想做一个尺寸更大的提钮，可以将其做成空心的。先拉一个小圆筒形（图 D、图 E），之后将圆筒形的顶部闭合，空气被困在圆筒形的内部（图 F）。器型内部的空气压力与此刻手施加在器型外表面上的力相互平衡、相互制约。持续拉制直到塑造出满意的提钮样式为止。

矩形提钮：先拉制出一个雏形，之后借助吹风机等加热工具将其外表面略微烘烤一下。用木勺的侧面或者其他物体轻敲器型的外表面，直至其形状由圆变方为止。在敲打的过程中，当工具与器型出现黏连情况时，用布料将工具擦干后继续操作。由于提钮非常小，很容易因震动而受损，所以在敲打的过程中最好用一根手指按在其顶部作为加固。塑型完成后，将提钮从大泥块上切割下来放到一旁备用。

G

H

块面状提钮：先拉制出一个雏形，之后借助吹风机等加热工具将其外表面略微烘烤一下。双手拖动割泥线或者借助环形修坯工具在其外表面上削去多余的黏土（图G），直到将其外形塑造成想要的块面状为止（图H、图I）。在削泥的过程中，需要考虑一下大约要削出多少个面才能与这个小小的提钮外形相适宜，以及在烧制的过程中这些块面会以怎样的形式展现釉色的美感。削泥的力度不宜过大，削取的深度不宜过深，否则极易破坏提钮的整体性。塑型完成后，将提钮从大泥块上切割下来放到一旁备用。

I

捏塑提钮

为盖子制作雕塑型提钮可以创建出一个强有力的视觉焦点，这种提钮可以令作品具有概念性或者叙事性。

艾米丽·里曾（Emily Reason） 谷仓形香烟罐。罐身就像舞台一样将提钮以及其他雕塑部件陈列其上。提钮既可以使用添加法制作也可以使用减除法制作；既可以是实心的，也可以是空心的；既可以手工捏制也可以在拉坯机上拉制。照片由艺术家本人提供。

罗恩·梅耶斯（Ron Meyers） 猫和老鼠。罐身上的猫正仰望着作为提钮的老鼠。猫的线条动感十足，与老鼠的造型风格非常匹配。照片由艺术家本人提供。

凯西·金（Kathy King） 堆叠罐。作品融雕塑、绘画及寓意于一体。注意艺术家是如何将一个个罐型堆叠在一起构成金字塔形外观的。她在作品的每一个组成部分施以不同的装饰形式——图案、图腾、图像。作品的顶部是由三只鸟组成的雕塑型提钮。照片由艺术家本人提供。

钱德拉·德布斯（Chandra Debuse） 蜂蜜罐。雕塑型提钮的体量看上去和罐身的体量差不多。丰满且柔软的提钮与罐身的凸起装饰，以及从盖子上的一个孔中伸出来的勺子具有相同的形式语言。整个器型只有提钮的颜色是暖绿色，提钮也因此成为视觉焦点。照片由艺术家本人提供。

把　手

把手的设计是为了在陶瓷器皿内部盛满热食或者热水的情况下自由端拿而不烫伤手。对于杯子而言，需要将把手安装在杯身侧部；而对于体型较大的茶壶而言，则需要将把手安装在壶身的顶部（提梁）。把手的安装位置属于设计审美学的范畴，必须与整个器皿的形状和比例相适宜。对于垂直形器皿（高度大于宽度）而言，把手通常位于器型的侧面；而对于扁平形器皿（宽度大于高度）而言，把手则通常位于器型的顶部。无论将把手安装在什么位置，都需保证它处于最接近器型重心的位置。这并不是说不能在垂直形器皿的顶部安装把手，只是把手离器型的重心越远，器型的感知重量就越大。

吉姆·史密斯（Jim Smith）花瓶。把手上的曲线与瓶身上的曲线相得益彰。二者完美结合并突出了瓶口的波浪线和瓶身的伊特鲁里亚玫瑰纹饰。照片由艺术家本人提供。

建议起始重量

把手：用泥量为 0.45 kg，具体数值取决于器型的尺寸。

这只马克杯展示了如何借助绘制草图的方式确定把手的最佳安装位置。照片由艺术家本人提供。

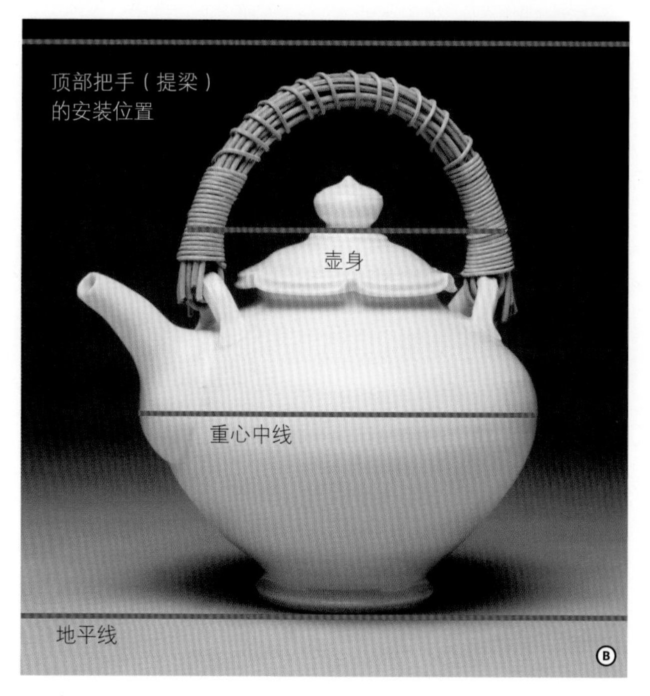

莎拉·耶格（Sarah Jaeger）带藤条提梁的瓷质茶壶。照片由艺术家本人提供。

确定把手的安装位置

绘制草图可以帮助我们确定把手的最佳安装位置。首先，在速写本上绘制器型草图，之后画一条贯穿器型底部的水平线和一条贯穿器身中心的垂直线（图 A）。以水平线与垂直线的交汇点为起点，在器型右侧画一条夹角为 45° 的上斜线。为了使侧把手的重量分布达到最大化，必须将把手曲线的关键点设置在斜线上或者略高于斜线的位置。当把手曲线的关键点低于斜线时，在使用的过程中会感到器型失衡、重量加重。

上述方法亦适用于确定顶部把手（提梁）的安装位置。首先，在速写本上绘制出器型的草图，之后画一条贯穿器型底部的水平线和一条贯穿器身中心的垂直线。在器身的最宽处再画一条贯穿器型的水平线，以标识出整个器型的重心点。接下来，在器型的最高点再画一条水平线，并测量重心线与此线之间的距离（图 B）。绘制把手的形状，确保其曲线位于最高处水平线的上方。这就等于把整个器型分成了三部分，而把手的位置应当位于最上面的那部分。当把手的位置达不到此高度，倾斜器型时会感到很不稳定。有些时候，为了满足审美需求，可能不会采用上述一般原则，但是它仍可以作为设计把手的起始原则。

在设计器型的时候，必须考虑其重量，在使用的过程中，其内部装满液体之后重量会加倍。当使用者端拿重物时，手腕上水平方向受的力比垂直方向受的力更大一些。当茶壶的把手较大时，使用者无须弯曲手腕就可以将重量承托住；而当茶壶的把手较小时，使用者只有将手腕弯曲起来才可以将重量承托住，手腕会因此感到不适。当茶壶的体量较大时，可以在把手上添加一些图案或者雕塑之类的装饰性元素来润色。对于体量较小的茶壶把手而言，厚重的装饰肌理会彰显其个性，倘若将此装饰肌理成比例放大到一个大茶壶的把手上，则可能在使用的过程中划伤手指。

为了设计出更好用的把手，必须考虑不同年龄段以及不同体力的使用者端拿器型时的感受。建议把各种形状及各种位置的把手都尝试一下，直到找出舒适与审美之间的平衡点为止。

撸把手

制作把手最常见方法是将一根圆锥状泥条撸成一个把手。先搓一根类似于“胡萝卜”形状的泥条（图C），之后用一只手握住泥条上较粗的那一端。将泥条下端2/3的位置浸入水中，从水里拿出来之后用另外一只手的拇指和食指撸泥条，撸泥的角度呈C形（图D）。逐渐提升撸泥力度，直至泥条变成薄薄的带状为止（图E）。

每撸3次之后将泥条翻转一下，以便于泥条的另一侧也能受到平等的对待，这样做可以令把手通体具有均匀的厚度（图F）。必要时蘸点水，确保撸泥动作流畅。

能从一根泥条上撸出多少个把手取决于泥条的尺寸，一般来说，可以用一根泥条撸出很多长度介于 10~12 cm 的把手，将撸好的把手放在木板上晾晒。

适度改变撸泥方向时可以制作出适用于安装在器型侧面的把手。很多制陶者对这种方法十分青睐，原因是撸把手速度极快且适用范围很广，可以将撸好的把手直接按压到器型上。除此之外，还可以从器身上撸把手，其制作方法如下：首先，在器身上（把手上端与器身相接处）黏结一根小泥条，之后水平端拿器身，使其中心轴与地面平行（图 G、图 H）。按照上述方法撸把手，重力将帮助你完成塑形工作（图 I）。待达到适宜的长度之后将器身垂直竖立起来，撸出来的泥条会自然而然地形成一个优雅的曲线形把手，从把手下端与器身相接处截断（图 J、图 K）。

把手案例

把手的设计目的是为了方便端拿盛放着热食或者热水的器皿，除此之外，我经常看到制陶者将其作为美学元素运用到器型上，甚至作为整个器型的视觉焦点。除了本章介绍的把手制作方法以外还有很多种方法，借助它们既可以制作出空心把手也可以制作出实心把手。

马克·夏皮罗（Mark Shapiro） 椭圆形瓶子。撸制的把手将观众的视线吸引至瓶体上部。把手使瓶子具有一种拟人化的感觉，把手上端是人的肩膀，而把手下端则是放在腰间的双手。照片由艺术家本人提供。

希尔薇·格兰内特利（Silvie Granetelli） 天鹅形食盐碗。天鹅长长的脖颈和头部是食盐碗的把手。这种形式的把手是其作为器型视觉焦点的最佳例证。照片由艺术家本人提供。

克里斯·皮克特（Chris Pickett） 带盖罐子。器型上的把手是用泥板成型法制作的，外形犹如柔软的枕头。把手的轮廓线与整个器型的轮廓线非常协调。照片由艺术家本人提供。

布莱恩·琼斯（Brian Jones） 椭圆形器皿。该器皿的把手是在器身上镂空雕刻出来的，且其高度超过器皿的边缘，进而成为视觉的焦点。矩形把手与器身上的曲线形装饰纹样形成了强烈的对比。照片由艺术家本人提供。

约翰·布里特（John Britt） 花瓶。把手将由两个拉坯成型的器型组合而成的花瓶分隔成上下两部分。它给观众一种近乎滑稽的感觉，可以让人联想到躯干上长出两条短臂。可以借助把手让器型呈现拟人化，或者赋予器型某种特征。照片由艺术家本人提供。

一种经过改良的把手制作方法

前文介绍的把手制作方法最为常见。在使用上述方法很多年之后，我开发了一种混合型把手制作方法，使用该方法制作把手时需要从一个部分手工成型的把手开始做起。很容易控制其形状。

先搓一根中间细两端粗的泥条（图 L）。

把泥条放在干燥的桌面上，将其一端的两侧按扁，另一端保持原有形状不变（图 M）。假如把经过按压的那一端切开的话可以看到以下形状的横截面：整体呈椭圆形，核心部位较厚，边缘部位较薄、较精致（图 N）。椭圆形横截面有利于利用把手核心部位的强度及厚度，同时还可以展现边缘线条的优雅形态。

接下来，用前文介绍的**撸把手方法**将其厚度进一步变薄（图 O）。用拇指和食指精修把手两侧的边缘。处理到一半的时候，将拿握部位擦干并将其倒置过来（图 P），

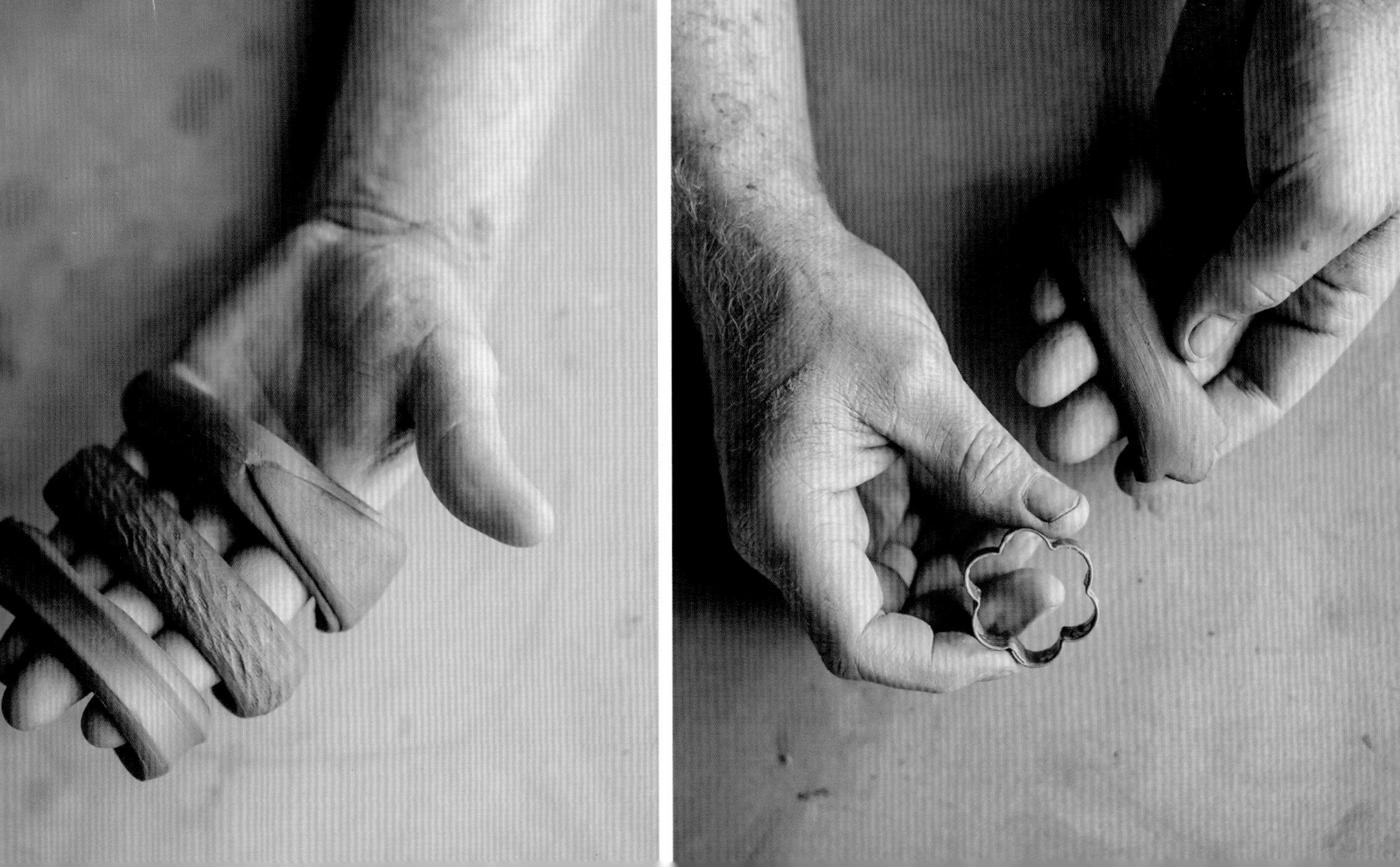

S

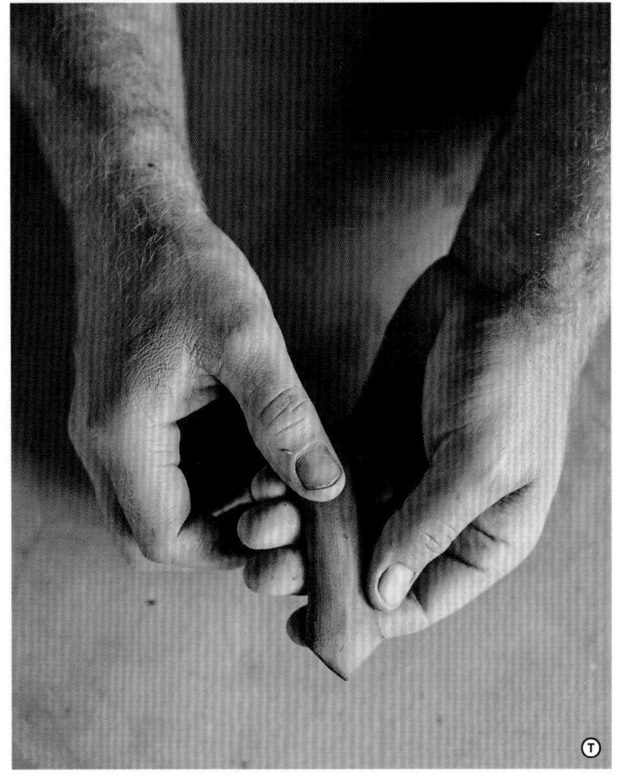

T

然后再从相反的方向继续撸。达到所需长度之后将其修整成想要的形状并放在木板上晾晒。

考虑一下在端拿器型的时候，有多少根手指可以舒适地放在把手上。当把手的曲线弧度较大时，或许可以容纳两根或者更多手指；而当把手的曲线弧度较小时，或许只能容纳一根手指。

可以通过在把手内表面或者外表面添加肌理的方式增强其趣味性。将两根泥条缠绕在一起制作把手、借助印坯成型法制作把手、借助捏塑成型法制作把手都是不错的方式，除此之外还有很多种把手成型方法（图 Q）。

可以借助工具将把手的末端（与器身相连接的部位）切割成某种形状。在将把手粘结到器身上之前，我会用餐刀或者工艺刀精修把手的末端（图 R、图 S、图 T）。

黏结把手

把手的黏结方法是需要重点学习的部分。在器身上黏结诸如把手之类的部件时，需遵守“硬碰硬、软碰软”的原则。从器身上直接撸制把手时，需确保器身和把手处于同样的干湿状态，以便于二者以同样的速度收缩。在将一个接近半干状态的把手黏结到器身上之前，需确保二者的干湿状态趋于一致。尽管半干状态的把手很难再次调整其弧度，但是却有助于把手与器身之间的收缩率相匹配。对于绝大多数初学者而言，最常犯的错误是将一个尚处于柔软状态的把手黏结到一个已经达到半干状态的器身上。由于把手的干燥速度比器型的干燥速度快很多，所以二者的连接点或者把手曲线的中部极易出现开裂现象。

在将把手黏结到器身上之前，我会先将把手放在器身的各个部位进行观察，以便找出最佳安装位置（图 U）。由于器型的外表面是圆的，而把手的末端是平的，所以要先将把手放在器身上顶压一番，以便在把手的末端创建一个与器身曲线完全吻合的黏结面（图 V）。

将把手放在黏结位置上，将把手与器身相接的部位周圈勾画出来。借助锯齿状肋骨形工具或者叉子将画圈部位刮毛，之后在刮痕上蘸点水（图 W）。将器身和把手静置30 秒，以便于水分渗透至坯体内部。有些制陶者喜欢在刮擦部位涂泥浆，我发现水和泥浆的效果其实是一样的。

待黏结面变软且具有一定的黏性之后，将把手顶部推压到器身上并来回晃动几下，以确保二者牢固黏结。摩擦有助于增强黏结度。蘸水量过多或者按压力度过小都会导致二者无法牢固黏结。

用同样的方法将把手的底部黏结到器身上。将半干的把手和器身黏结在一起且处理方法适宜时，立即就能抓握把手并将器型端拿起来，可以借助这种方式检查二者是否已经黏结成一个牢固的整体。用钢针或橡胶头雕刻工具将黏结过程中残留的黏土清除干净（图 X）。

壶 嘴

从纯功能的角度来看，壶嘴是液体流出容器的出口。壶嘴的形状多种多样，但无论哪一种形状的壶嘴都是由两个核心部分组合而成的：喉部——与器型相连接的较宽通道；唇部——供液体流出的较窄通道。封闭式壶嘴（茶壶）和开放式壶嘴（水罐）所具有的物理属性都基于液体动力学。为了方便倾倒液体，喉部的尺寸必须足够大，只有这样才能产生足够的压力和速度。可以通过增加喉部体积或者通过限制唇部尺寸的方式令液体倾倒更加顺畅。

肖恩·斯潘格勒（Shawn Spangler） 水罐。壶嘴部分呈直线状且装饰极少，看上去颇像一个鸟形建筑物。只因壶嘴的形状有些特殊就让使用者对整个器型有了全新的认识，这一点难道不令人惊叹吗?

除此之外，另一个需要考虑的因素是壶嘴的比例如何影响器型的美观。体量超标的壶嘴或者体量不足的壶嘴可以令器型展现出某种形式感。世界陶瓷史上的很多经典造型都利用壶嘴、把手，以及提钮创建视觉焦点。中国唐代瓷器上的龙首形把手、秘鲁摩卡陶器上的狗嘴形壶嘴都是上述方面的极佳例证。希望每一位制陶者都能在功能与审美之间找到完美的平衡点。

建议起始重量

壶嘴：用泥量介于 0.23~0.45 kg

拉制开放式壶嘴

在器型口沿预留一圈厚度为 0.6 cm 的泥环，这部分泥用于塑造壶嘴。正式塑造壶嘴之前，需将器型的口沿按压成微微内倾的角度（图 A）。把左手倒放在想要做壶嘴的位置上。用拇指和食指向上推压器型的口沿。往口沿上蘸些水，之后用右食指来回摩擦该部位（图 B）。接下来轻微下压，以塑造出壶嘴的开口形状。精修壶嘴的边缘，使其横截面由厚变薄（图 C）。当壶嘴的边缘太圆或者未经精修时，倾倒动作结束时液体会顺着器壁往下流。

提升壶嘴高度的做法也很常见。经过提升后的壶嘴器壁较薄，壶嘴顶部的轮廓线稍高于器身（图 D）。可以将这种形式夸大一些，为器型制作一个富有戏剧性的上升形壶嘴（图 E）。除此之外，还可以借助泥板成型法制作壶嘴。本书第六章详细介绍了这种壶嘴的制作方法。

拉制封闭式壶嘴

从一大块泥中拉制多个壶嘴既省时又省力。先将一块 1.8 kg 的泥块放在拉坯机转盘的正中心，然后从中分出一小块泥拉壶嘴。在泥块的底部画一条线，以便在拉坯的过程中能够轻易识别其底部位置。在线的下方开泥并塑造一个中空圆柱体（图 F）。先将壶嘴底部的宽度推拉至适宜部位，之后向上提泥。此时塑造壶嘴的喉部，最后将拉好的壶嘴从拉坯机的转盘上切割下来。

向上、向内拉，所塑造的形状犹如火山（图 G）。在提泥的过程中，让壶嘴的壁厚始终保持在 0.3 cm 左右，且通体厚度一致。你或许会觉得这样的厚度有些薄了，但这并不会影响壶嘴的使用功能。

从圆柱形上大约 1/3 的位置开始收口，收口时用的手指为拇指和食指（图 H）。从底部向上移动手指，重复收口动作，直至将圆柱形顶部的 2/3 塑造成一个长而窄的管子为止（图 I）。调整管子的比例，直到对壶嘴的长度和宽度感到满意为止。必要时可将壶嘴的长度切短一些。

将壶嘴的顶端修成尖锐的内倾角（图 J）。该角度有助于切断水流，进而达到预防滴漏的目的。

可以通过在圆柱体侧面施压的方式使其呈现某种弧度，压力大小及方向取决于想要塑造的壶嘴形状。考虑壶嘴的轮廓线是弯还是直时，需注意让其特征与器型的特征相匹配。对于外形呈柔润曲线的器型而言，最好为其搭配一个弯曲的壶嘴；而对于外形呈棱角状的器型而言，则最好为其搭配一个笔直的壶嘴（图 K）。塑型结束后，从画线处将壶嘴从大泥块上切割下来（图 L、图 M）。

黏结封闭式壶嘴

在将拉坯成型的壶嘴黏结在器身之前，必须将其黏结面切割成一定的角度，以使壶嘴的曲线与器身的曲线完全吻合。在壶嘴上切割角度之前，需先从其底部画一条贯穿中心的细线（图 N）。这条线将作为切割时的中心参考线，如此一来即使是从多个角度切割也会令壶嘴的轮廓线保持对称。切泥的时候切不可超过该线的边界。

将壶嘴放到器身上做各种角度的观察，直至找到一个你觉得最舒服的角度为止。虽说这属于个人偏好问题，但也必须考虑壶嘴的角度将如何影响倾倒液体时的流畅性。当壶嘴的顶端高于器身的顶部时，倾倒液体时器身的倾斜角度相对较大；相反，当壶嘴的顶端低于器身的顶部时，倾倒液体时器身的倾斜角度相对较小。确定出最佳角度之后，在壶嘴中心线到其圆周最宽点之间标识该角度。

由于壶嘴顶端的高度决定着器型内部的液体盛放量，所以务必要将壶嘴安装在其适宜范围内的最高点上。当其位置较低时，在往器型里灌热水的过程中，水会冲出壶嘴流到桌面上。除此之外，你还可以将壶嘴的底部拉得粗大一些，将壶嘴的顶端拉得细窄一些，以便使其呈现出优美的曲线。照片中的这三个壶嘴（图 O、图 P、图 Q），你觉得哪一个的角度才是正确的？答案是第三个，原因是这个壶嘴的角度很平滑且顶端位置十分适宜。

从壶嘴的正上方往下看，画一条与器身曲线相匹配的线（图 R）。借助工具将线条以外多余的黏土全部刮掉。可能需要刮数次之后才能令壶嘴的底部曲线与器身的曲线相匹配。

把切好的壶嘴放到器身上，将二者的相接部位周圈勾画出来。借助打孔工具或者钻头在器身上画圈的部位钻出若干个孔洞。这些孔洞的直径应当足够大，以防止在上釉过程中釉料将其堵塞住（图 S）。务必在孔洞的周边预留出一圈 0.6 cm 宽的位置，该部位用于黏结壶嘴。借助工具刮毛壶嘴以及器身的黏结面，并蘸一些水或者涂抹一些泥浆，将二者牢固地黏结在一起（图 T）。

先将壶嘴黏结到器身上，再将把手黏结到器身上（图 U）。确保壶嘴与把手水平对立，以便倾倒液体。

经验总结

把手：从厨房的橱柜里找出 3 只你最常使用的杯子。观察把手的位置、杯子的整体形状，以及杯口的角度。现在拉 8 只你最喜欢的杯形并修整。按照前文中介绍的 3 种把手成型方法（从胡萝卜形泥条中撸把手、从器型上直接撸把手、搓把手）制作出 16 个形状各异的把手。在杯身两侧相对立的位置上各安装一个把手。通过将不同形状的把手安装在不同位置上的方式，探索出你最喜欢的触觉形式和视觉形式。待找到你最喜欢的把手以及杯子组合形式之后，至少再做 5 只你中意的杯子。

提钮和盖子：可以去五金店里寻找提钮的设计灵感。你会在灯具、橱柜，以及其他家居用品中发现大量提钮形状。从多个角度（包括侧视图和俯视图）绘制 3 个你最喜欢的提钮形状。拉制实体提钮和空心提钮，尽可能地复制出研究对象的全部细节特征。尝试成比例缩放其尺寸，以便能在实际运用的过程中更好地掌握它们。

现在拉 3 个带盖糖罐，每个罐子的用泥量为 0.45 kg。1 个下沉式盖子、1 个带水平子口的盖子和 1 个带垂直子口的盖子（和调料罐的盖子相似）。除此之外，你还可以将前文侧栏中由瓦尔·库欣绘制的盖子样式随意地组合在一起。改变盖子的样式时，不要改变罐子的比例。将之前练习时拉制的提钮黏结到盖子上面。

釉烧结束后，将 3 个罐子盛满糖。用勺子取糖，测试哪种盖子的实用性最好。考虑一下提钮的风格与盖子的风格是否匹配。测试结束之后，再重新拉制一个糖罐，确保其盖子以及提钮的组合形式达到最佳状态。

开放式壶嘴（例如水罐的壶嘴）：用一块 1.4 kg 的泥拉一个厚度为 0.6 cm 的高圆柱形。分别从圆柱形的上、中、下三个位置塑造壶嘴的喉部。尝试改变其宽度、弧度和直径。从壶嘴顶部 1/3 处切割，并将其放在拉坯机旁备用。重复上述练习，直到将剩余的泥块全部用光为止。

选择一种你最喜爱的壶嘴形状，并将其黏结在 3 个器型上，每个器型的用泥量为 0.45 kg。之后为器型安装与壶嘴形状相匹配的把手。釉烧结束之后，用各种黏稠度的液体（蜂蜜、橄榄油、牛奶）测试其使用效果：该形状的壶嘴适用于所有液体吗？是否应该改变其口沿角度或者弧度，以便使其具有更好的使用功能？

封闭式壶嘴（如茶壶的壶嘴）：将一块 1.4 kg 的泥放在拉坯机转盘的正中心，拉 8 个不同比例（有些喉部较大，有些形状较长）的壶嘴。找 1 个塑料球、1 个水桶、1 个瓶子，分别将壶嘴的黏结面切割至与上述物体曲线相匹配的样式，以此来锻炼你的壶嘴黏结面切割技术。当你试图为各种直径的物体切割与之相吻合的壶嘴曲线时，注意到有什么区别吗？接下来，试着将这 3 个喷嘴黏结到一个 15 cm × 22 cm 的半干圆柱形上。在圆柱形上钻出不同直径的洞口并黏结壶嘴。为了进一步精进你的技术，可以为不同形状的器型黏结壶嘴。

佳作欣赏

琳达·阿巴克尔（Linda Arbuckle） 带有向日葵纹饰的小水壶。照片由艺术家本人提供。

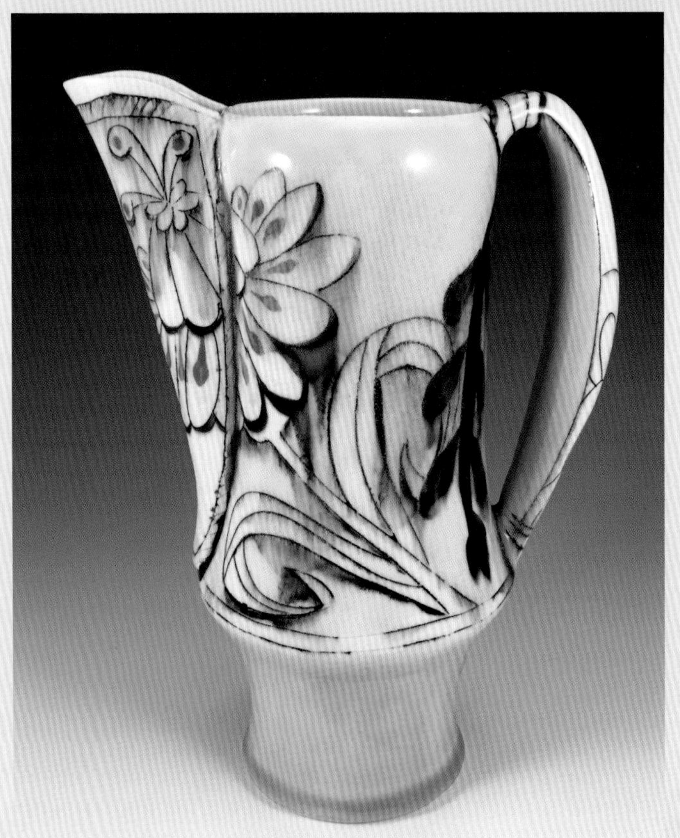

钱德拉·德布斯（Chandra Debuse） 带有花卉纹饰的水罐。照片由艺术家本人提供。

克里斯·皮克特（Chris Pickett） 水器。照片由艺术家本人提供。

凯尼恩·汉森（Kenyon Hansen） 盖罐（提钮的材质为镍铬合金线）。照片由艺术家本人提供。

布莱恩·琼斯（Brian R. Jones） 水罐。照片由艺术家本人提供。

茱莉娅·盖洛威（Julia Galloway） 云纹水罐。照片由艺术家本人提供。

肖恩·奥康奈尔（Sean O'Connell） 鸡尾酒罐。照片由艺术家本人提供。

马特·希曼（Matt Schiemann）威士忌酒瓶。照片由艺术家本人提供。

萨纳姆·艾玛米（Sanam Emami）水罐。照片由艺术家本人提供。

詹妮弗·艾伦（Jennifer Allen）水罐。照片由艺术家本人提供。

福里斯特·米德尔顿（Forrest Middelton）宣礼塔形瓶子。照片由艺术家本人提供。

埃伦·尚金（Ellen Shankin） 水器。照片由艺术家本人提供。

马特·梅斯（Matt Metz） 水罐。照片由艺术家本人提供。

理查德·汉斯莱（Richard Hensley） 砂锅。照片由艺术家本人提供。

塔拉·威尔逊（Tara Wilson） 水罐。照片由艺术家本人提供。

第四章：

拉制餐具

从远古先民的篝火堆到现代人的餐桌，陶瓷器皿一直被用于盛放、服务及美化食物。事实上，纵观人类的历史，陶瓷制造业始终与食物、饮料和营养紧密地联系在一起。本章将着重探讨餐具的功能性设计因素。

在正式讲解如何制作出完美的杯子、碗、盘子，以及茶壶之前，让我们先了解一个核心设计概念，在设计制作餐具的过程中，必须时刻牢记——尺寸。陶瓷餐具的尺寸包含两个要素：餐具与使用者之间的关系，以及放在同一张餐桌上的所有餐具之间的关系。

在设计制作以功能性为主的物品时，最重要的因素是其尺寸是否能让使用者感到舒适。让你的作品同时满足所有人的需求，听上去似乎有点强人所难，所以建议在制作陶瓷餐具的时候首先以自己的手和嘴作为设计出发点。陶瓷餐具涉及市场，需要得到消费者的认可，个人喜好被他人认可和接受需要漫长的过程。

本章的后面部分着重讲述器型口沿与人嘴之间的关系，此处让我们先来了解一下人手的形状和比例。当你拿着一个平底杯时，杯身2/3的部位都会被手掌覆盖。如此一来，即使这个杯子没有把手，也能轻松地将其握住。再想一想拿一个装有热水的杯子时会出现什么情况。例如一个矮胖的不带把手的日式茶杯，手指只能将杯身的一半覆盖住。面积越大抓握越牢固，但必须确保皮肤与杯身直接接触的面积相对较小，因为只有这样才能避免热气腾腾的茶水将手指烫伤。从橱柜里拿几个把手形状各异的杯子。哪一只杯子的把手样式是你最喜欢的？是其尺寸，拿握时的感受，还是两者兼而有之？本书中介绍的每一种设计形式都必须保证其在使用的过程中便于拿握。是通过握住把手将杯子拿起来，还是通过直接握住杯身将杯子拿起来，再或者通过捏住口沿将杯子拿起来，主要取决于其服务对象——食物的类型。

陶瓷餐具的尺寸另一个方面涉及放在同一张餐桌上的所有餐具之间的关系。假如设计一套餐具的话，那么汤碗的周长应该小于餐盘的周长。尺寸关系背后所具有的常识性逻辑基于每餐的食物摄入量。当把汤作为开胃菜时，汤碗的尺寸就应该小一些，这样就不会因为喝进过多的汤而无法吃下主菜。即便设计一套餐具时件数不是特别多，也应当考虑其尺寸关系。或许设计制作的杯子并不是成套的，只是单件出售，但买家仍然有可能将其与其他的盘子或碗组合起来使用。

◀ 餐具摆好了，祝贺亚历克斯·马蒂斯（Alex Matisse）和艾利克斯·福克（East Fork）设计制作的餐具成功烧成。

杯　子

杯子是所有日用陶瓷产品中最常见的，也是样式最丰富的。当其口沿角度不恰当或者重量太重时，可能会令一只原本很漂亮的杯子失去其使用价值，被使用者放在橱柜的最里面闲置起来。本节将重点介绍各种杯形的核心组件。由于把手在本书中是作为一个独立的部分加以详述的，所以有关把手方面的内容请参阅前文相关章节。

照片中的茶壶和杯子是由堀江文惠设计制作的。在使用的过程中，杯身和壶身上的纹饰形成了一种对话式的呼应关系。

建议起始重量

浴室水杯或者玻璃杯：用泥量为 0.34 kg

直筒杯或者大咖啡杯：用泥量为 0.45 kg

啤酒杯：0.57 kg

拉制杯子

首先，把一块泥放到拉坯机转盘的正中心，确保泥块的底径与想要做的杯子底径相等（图 A）。开泥。如果设计的杯子带有底足的话，需在泥块底部预留出 0.6 cm 厚的底板；如果是无底足的平底杯的话，只需在泥块底部预留出 0.3 cm 厚的底板。检查底板的厚度时，先将拉坯机停下来，之后用钢针穿刺该部位以确保其厚度符合

要求。借助肋骨形工具压紧器型的内壁和底板，使其呈现出光滑且紧致的状态。

将杯身的直径塑造至适宜的尺寸（用手抓握时感到非常舒适）。具体数值取决于杯子的形状，瘦高杯子的直径和矮胖杯子的直径肯定有区别，所以在找到正确的尺寸之前需进行大量练习。

第一次提泥之前，必须思考一下想要做平底杯还是圆底杯。如果做的是平底杯的话，需顺着器型的内壁向上提泥；如果做的是圆底杯的话，则需向上并微微向外提泥，以塑造出一条平滑且倾斜的内轮廓线。当杯底的形状介于上述两者之间时，应确保其形式与杯子的其他设计组件相适宜。持续提泥 3 次之后完成塑型工作。不同的杯子具有不同的壁厚，平均厚度介于 0.3~0.6 cm 的杯子重量适宜（图 B）。

设计杯子的外形时，需考虑是将其做成方形的还是异形的。可以将拉坯成型的圆形杯子改造成正方形的或

器身与底足之间的关系

设计制作日用陶瓷产品的时候，必须考虑其内部盛放的液体重量与器型轮廓线之间的关系。曲线形杯子的重心较低；直筒形杯子的重心较高。当器型的高度大于宽度时，液体会聚拢在靠近器型中心轴的位置上。如此一来，即便是杯子内部装满液体也能保持稳定性。

对于那些重心偏离中心轴（内凹形以及外凸形）的器型而言，底足必须具有支撑整个器型轮廓线的能力。用人体来解释二者之间的关系较容易理解。想象某人将一个很重的球举过头顶。当球离身体的距离较远时，人必须叉开双腿以保持平衡。上述例证亦适用于杯子，例证中的球即为器型内部液体的重心。器型的弧度越大，底足就必须越宽，只有这样才能保持其稳定性。

迈克尔·克莱恩（Michael Kline）碗。该碗展示了底足与器型上最宽的部位（在这个例子中，最宽的部位是碗口）之间的最佳比例关系。当碗底超过现在的高度时，在使用的过程中很容易倾斜；当碗底超过现在的宽度时，整只碗看上去会显得很笨重，由于具有绝佳的比例，所以这只碗整体造型十分优雅。

者六边形的，多边形的杯子在视觉上非常引人注目，在后期装饰的过程中，每一个块面都可以作为装饰平台。有关改变拉坯器型原始造型方面的内容，请参阅后文相关章节。

考虑口沿与器身之间的角度关系时，需思考一下从器皿内部倾倒液体时的情况。器型的内轮廓线过于复杂会将水灌入使用者的鼻子！器型的轮廓线过于复杂也不合理，喝水的时候水会顺着宽阔的口沿流至嘴的周围。在上述两个极端例证之间有一个最适宜的范围，它不但可以满足杯子的使用要求，同时还能与其他设计元素完美融合（图 C）。

在杯子的口沿塑造倾斜面时，需从其内侧向外按压。杯口上的倾斜面应与杯身的轮廓线相匹配（图 D）。借助麂皮布或者一小块塑料条将倾斜面修整至光滑规整状态。

注意事项：杯口的形状和角度决定着使用者的嘴接触该部位时的感受。圆润的口沿与尖利的口沿相比，嘴接触前者时感觉更舒适，但如果口沿太厚的话，使用者喝水时可能会感觉像是在用桶喝水。我发现带有倾斜面的杯口最舒适、最耐用，且适用于各种杯形。

待杯子达到半干状态之后修整其底足并黏结把手。关于底足与整个器型的匹配问题，以及底足的修坯方法，请参阅本书中的相关章节。

碗

碗的类型多种多样，不妨将其从广义上界定为盛放或者展现某种内容物的容器。碗口通常呈微微收拢状或者笔直倾斜状。带有收拢状口沿的碗通常被用于盛放诸如汤之类的灼热液体，在用餐的过程中可以保持食物的热量；而带有外敞状口沿的碗可以释放食物的热量，使其更容易入口。这种样式的碗通常被用于盛放凉菜或者迅速冷却但仍能保持其风味的食物。带有外敞状口沿的碗通常配有浅盖，其作用是既能保持食物的热量，又易于从中取用。

麦肯齐・史密斯（Mackenzie Smith） 碗。该碗具有一定的密封性，与带有外敞状口沿的碗相比，它能有效延长热食的保温时间。

从照片中可以看到平底碗与圆底碗的区别。由于碗底的内轮廓线就像罐子的基座一样，所以必须确保碗体上的其他部位与整个碗形的设计构思相适宜。除此之外，还可以看到外敞形碗口与内收形碗口的区别。

建议起始重量

汤碗：用泥量为 0.34 kg

葵口沙拉碗：用泥量为 0.45 kg

中等尺寸的碗：用泥量为 1.8 kg

较大尺寸的碗：用泥量介于 2.8~3.6 kg

碗的拉制方法

拉碗的时候，一次成型最重要。碗型塑造得越完整，之后的修坯工作越简单（图 A）。连续提泥 3 次，待达到其预定高度之后向外塑造曲线。

向外塑型时，需确保其内部弧度平滑规整。用位于器型内部的那只手向外提拉泥块的上半部分。提拉碗壁的时候不要破坏器型的内轮廓线。可以借助较宽的拉碗专用肋骨形工具完成上述工作，从器型底部中心轴处一直拉至碗口，以创建出一条流畅的曲线。

设计碗的形状时，碗口的厚度非常重要。在清洗或者使用的过程中，碗口通常是最易受损的部位。碗口的厚度应当大于碗壁的厚度，这样做有助于增强其持久性。在提拉碗壁的过程中，触及器型顶部的泥块时用力不宜过大，且需预留一圈泥用以塑造口沿。塑造碗口形状的时候，切记在使用过程中，锋利的口沿比圆润的口沿更容易受损。当然，也可以将碗口塑造成棱边状的，但应当将棱边做适

度的软化处理，以提升其强度。塑造圆形碗口的时候，需将拉坯机的转速调至中速并用麂皮布轻压口沿（图 B）。逐渐增加按压力度，直至碗口变得十分圆润为止。

以下是一些具有特殊细节的碗口造型。

- **卷口：** 最后一次提泥结束时，将口沿的厚度塑造至 0.3 cm 左右。将右手食指倒放在口沿外侧下方 1 cm 处，左手向外推压。在缓慢推压的过程中，口沿会缠绕在右手食指上。移开右手食指并继续推压，直至塑造出一个较厚的中空口沿为止。待碗达到半干状态之后，在中空口沿的下侧隐蔽处扎一个小洞，以便将困于其内部的水分和空气释放出来。
- **折口：** 最后一次提泥结束时，将口沿的厚度塑造至 0.6 cm 左右。将拉坯机的转速调至中速，用一只手轻捏口沿。与此同时，将木质修坯刀放在口沿的中部并施压，这样一来口沿就被分隔成了两部分。不同的部分会对釉色产生不同的影响，或者你也可以将这两个部分捏合在一起，这样做可以弱化其转折线。试着从碗的 1/4 处或 1/8 处塑造折口，以创作出不同节奏的碗型。
- **角口：** 用左手食指向下按压碗口内侧。向内按压、向外按压，或者向其他方向按压都是可以的，目的只有一个，即让碗口呈现出某些变化，进而达到丰富釉色效果的目的。塑型结束时必须用海绵或者麂皮布将棱边修饰得圆润一些。

底足的位置取决于碗身水平壁及垂直壁之间的关系。无论哪种样式的碗，一般原则是底足必须具有支撑整个碗型轮廓线的能力（更多关于底足修坯的方法，请参见前文相关内容）。如果要做一只平底碗的话，那么碗壁与碗底的接合处很容易定位。对于一只带有弧度的碗而言，底足的位置有更多的选择余地。但无论如何，底足的外轮廓线都应该位于垂直壁和水平壁的交汇点下方。

高足器型

为日用陶瓷产品设计底足时，必须考虑其高度对器型整体高度的影响。当把一套餐具摆放在餐桌上之后，有视觉层次变化会让进餐者心生愉悦，其中盛放主菜的器皿应当比其他餐具高一些。可以通过在器型下部安装高底足的方式达到这一目的。要做到这一点，必须在拉坯的初始阶段，即开泥的过程中预留出更厚的底板。待器型达到半干状态之后，再将多余的黏土旋切掉，以便塑造出高底足。想要用更快捷、更省力的方式塑造高底足的话，你还可以趁器型处于半干阶段时直接在其底部拉底足（更多关于底足修坯的方法，请参见前文相关内容）。

迈克尔·西蒙（Michael Simon）罐子。切割出来的底足增加了罐子底部的高度和空间。假如没有这个底足的话，器型的直壁和比例会令罐子显得十分沉重。

盘　子

对于学习拉坯成型法的人而言，盘子的挑战性最大。其原因或许是机械化生产的盘子已经对我们产生了很大的影响。机械化生产的盘子给公众，特别是制陶者带来一种观念，即盘子必须要做得非常薄才行。对于上述观念，我想请各位读者重新思考一下哪些方面才是一只好盘子应当具有的品质——重量适宜、耐用、功能性良好？底足及口沿较厚的盘子不易出现曲翘变形现象，并可以避免在烹煮食物的过程中因热震而导致的炸裂现象。上述部位较厚亦有助于预防瓷器或者其他收缩率较高的黏土在干燥的过程中曲翘变形。

肖恩·奥康奈尔（Sean O'Connell）在浅盘内绘制的复杂图案。由于盘底的形状呈轻微的凹面，所以釉料都汇集在盘底的中心部位，沉积的釉色增强了纹饰的视觉深度，令装饰面充满活力。

建议起始重量

碟子：用泥量为 0.7 kg

15 cm 午餐盘：用泥量为 1.4 kg

25 cm 餐盘：用泥量介于 2.8~3.2 kg

具体的用泥量取决于底足的厚度。

拉制盘子

首先，将一块泥放在拉坯机转盘的正中心，泥块的高度约为 5 cm，泥块底部的宽度越宽越好。

接下来向外开泥，注意不要向下推或者改变盘底的厚度。当其外围出现垂直状器壁时停止开泥（图 A、图 B）。过早出现这种情况的话，需要在下一次练习时把泥块的高度再降低一些。

注意事项：在拉制盘子的过程中，最常见的问题是开泥时摩擦力过大，进而导致手也随之晃动。当盘子的直径较小时，可以用湿海绵将食指包裹住再开泥，这样做可以减小指尖与泥块之间的摩擦力。当盘子的直径较大时，可以将湿海绵握在手掌中，并将手握成拳头状开泥。一边开泥一边压缩海绵，从海绵内流出来的水会减小拳头与泥块之间的摩擦力。

待泥块外围出现垂直状器壁时，向上拉出一条平滑的曲线。每次提泥之后将口沿部位按压一下，以确保其厚度适宜。可以借助较宽的肋骨形工具将盘子的轮廓线修整得更加流畅一些（图 C）。

盘子的口沿既可以是收拢形的圆口，也可以是像意大利面碗一样的扁平折口。在所有烹饪器皿中，意大利面碗的宽边有助于突显放置其内部食物的美感，当然，

A
B
C

如何设计盘子主要取决于个人的喜好以及使用习惯。

想使盘口呈现出狭窄且流畅的线条，需在最后一次提拉动作结束后用麂皮布修饰。确保将盘口塑造得稍微厚一点，其原因是较薄的盘口极易在使用的过程中受损。将右手食指支撑在口沿下方，同时用另外一只手按压口沿的内部，这种方法可以拉制出犹如意大利面碗式的宽阔折口。试着通过改变口沿的宽度来改变整个盘型的比例，或者也可以在宽阔的口沿上做装饰。

可以通过切割或其他方法将盘口塑造成方形及异形。我发现借助模板完成上述工作更简单，而且可以达到复制的目的，想要制作一整套餐具时，模板非常实用。先用硬卡纸制作一个模板，再将模板放到坯体并将其轮廓线勾画出来（图 D）。之后用刀子将不需要的部位全部切除（图 E）。借助梭形工具或者橡胶质肋骨形工具将切割面修饰至光滑、规整状态，以使其角度和形状与整个盘子的曲线相匹配（图 F）。可以将废旧的酒店门卡改造成自定义形状的小肋骨形工具。

借助泥质模型制作异形器皿

另一种异形器皿的制作方法是借助安装在拉坯机转

马特·托尔斯（Matt Towers）借助带有精美浮雕纹饰的模型拉制大盘子。模型是靠一张泥板固定在拉坯机转盘上的。一边转动拉坯机，一边用橡胶质肋骨形工具按压泥板。待整个器型完成之后，在其底部黏结一圈泥条并将其拉制成底足的样式。

盘上的泥质模型成型。先拉一只 5 cm 厚的碗。待其达到半干状态之后，在其背面修整出想要的曲线。让模型慢慢阴干，以确保它不会出现曲翘变形现象，待其彻底干透后入窑素烧。

首先，用黏土将素烧好的模型固定在拉坯机转盘的正中心。接下来，擀一块厚度适宜的泥板并将其放入模型中。再之后，一边转动拉坯机，一边用橡胶质肋骨形工具按压泥板。其成型原理类似于拉坯成型法，区别在于这种方法不需要修整器型的轮廓线。最后，在器型底部黏结一圈泥条并将其拉制成底足的样式。

照片由艺术家本人提供。

器型与文化

设计陶瓷餐具时必须考虑的另外一个因素是器皿与其源产地文化之间的关系。在现代主义盛行的时代，许多设计师高呼“形式跟随功能”的口号。虽然这种观点亦适用于陶瓷产品设计，但我想在形式跟随功能的基础上再多加一句——功能跟随习俗。当你漫步在博物馆中，看到各式各样的碗时就会明白我的意思了。在某地饮食习惯逐渐演变的过程中，陶瓷餐具的形式亦会随之改变，以适应该地域不同时期饮食习惯的特殊要求。

在越南，你会发现较深、较宽的碗用于盛放河粉，而在意大利，你会发现较宽、较浅的碗用于盛放奶油乳酪意面。上述两种面食都需要放在碗里，但碗的形状、曲线，以及深度会根据所装面食的浓稠度而有所变化。对于制陶者而言，必须深度挖掘世界上不同地域的烹饪习俗。在设计陶瓷餐具的过程中，我会试着将餐饮理念与我欣赏的文化联系起来。

照片中的茶壶是由凯尼恩 · 汉森（Kenyon Hansen）设计制作的。该茶壶展示了一种独特的设计理念，这种理念可以追溯到世界上某些特定的地域。韩国和日本的茶壶通常带有侧把手，侧把手的茶壶在上述两地主要用于盛放热茶。这种形式的把手与西方的茶壶把手不一样，侧把手的茶壶在倾倒茶水时，壶身的倾斜方向是朝向人体躯干的。使用者先将茶水倒进一只只茶碗中，之后再分发给众人饮用。这种微妙的功能转变令整个饮茶过程呈现出一种休闲感和仪式感。

成套餐具及特殊器型

掌握了独立器型的设计制作方法之后，对于制陶者而言，最大的挑战是如何将所有的独立器型搭配在一起，使之成为一套餐具。在设计制作成套餐具的时候，我会考虑如何将个体的形式及类别融合在一起，进而达到成套展现餐具功能的目的。例如设计制作盛放糖和奶油的套装陶瓷器皿时，最好考虑一下器皿的比例，以及如何保证在不冷藏的情况下长时间保持食物新鲜。由于奶油的保质期比糖的保质期短很多，所以盛放奶油的器皿通常很小，只够一次咖啡或者茶点的使用量。相比之下，糖的保质期较长，所以盛放糖的器皿通常有盖子，如此一来即便不冷藏也可以长时间保存。

除了功能之外，我还会考虑成套餐具的审美因素。当把多种形式组合在一起时，最好令其呈现出和而不同感。所谓的统一是让所有器型拥有完全相同的颜色、图案，以及形状。换句话说，即诸多类似点的融合。将颜色及其他设计元素复制到成套餐具中的每一件器型上很容易做到，但我发现比较有趣的成套餐具大都充满了多样性及对比性。与之相比，更有趣的成套餐具可能是由形状、颜色和肌理相似的单件器型组合而成，但每一件器型的细节又不完全相同。这种和而不同的组合方式会激发使用者进一步探求其细微差异的欲望，会让人试图从中寻找出一件最令自己感兴趣的器皿。

想让一套杯子呈现出统一感，可以在所有的杯身上绘制相同的纹饰，但每只杯子的配色方案有所区别。最上面那张照片中的杯子是由桑塞 · 科布（Sunshine Cobb）设计制作的（图 A）。这套杯子就展现了上述设计原则，所有的杯子都具有相同的形状和肌理，但每一只杯子的釉色各不相同，十分引人注目。除此之外，还可以让成套餐具中的单件器型具有相同的颜色和形状，但每个器型都具有不同的肌理。中间那张照片里的罐子是由珍妮特 · 德布斯（Janet Deboos）设计制作的（图 B）。这几个罐子就展现

Ⓐ

Ⓑ

Ⓒ

照片由艺术家本人提供。

了上述设计原则，尽管每个罐子上的装饰纹样都不一样，但整套罐子全部统一在一种赤陶色基调中。最下面那张照片中的 8 件套餐具是由亚当 · 菲尔德（Adam Field）设计制作的（图 C）。尽管所有的器型都施以青瓷釉色，但是每一件器型的形状、纹理，以及比例都有很大的区别。上述三个例子都展现了和而不同的设计原则。

除了常规餐具之外，具有特殊服务性质的餐具亦可激发制陶者们的创作激情。盐罐、胡椒罐、黄油碟、船形卤汁碟都属于特殊服务性质的餐具，设计制作这类器皿会让制陶者感受到挑战性。观察下一页中的陶瓷作品并思考其独特的形式与设计。这些器型将激发你的创作灵感！

洛纳·米登（Lorna Meaden） 潘趣碗。洛纳是设计制作特殊服务性质餐具的大师。该碗配有一个陶瓷汤匙及数只挂在碗边上的杯子。在使用的过程中，需将所有的配件拆开，用完之后再将其组合复位。使用的过程犹如一场令人惊叹的陶瓷设计之旅，能让用餐者回想起远古时代皇室家族的奢华生活。

丽萨·奥尔（Lisa Orr） 盐罐。罐身上的雕塑型装饰纹样及丰富的釉色令整个器型呈现出一种梦幻般的气质。假如你仔细观察的话，会发现盐罐左侧有一只鸟形勺子，将其取下来之后可以从罐体内部盛盐。

阿勒格尼·梅多斯（Alleghany Meadows） 托盘。艺术家通过将多只盘子旋转叠摞的方式创建出一种类似于雕塑般的展示形式。在使用的过程中，这些盘子会被一只只地拆解开，最终露出隐藏其下的甜甜圈形大托盘。很难想象拉制这件作品需要投入多少精力才能令所有组合部件衔接得如此精确！

奈杰尔·鲁道夫（Nigel Rudolph） 威士忌酒具。作为特殊服务性质的餐具，这件作品十分引人入胜。酒壶是直立拉制出来的，但在使用的过程中，它被横放在一个木质容器里。倒酒时将酒壶来回旋转，酒很容易流入杯子中。

茶 壶

茶叶是有史以来最具影响力的贸易商品之一。随着茶叶贸易从东方到西方直至遍布全球，它将世界各地的经济及文化联系在一起。在饮茶文化的影响下诞生了专门用于饮茶的陶瓷品类，一个不断演变的茶具标准体系也随之被创建出来。本节将介绍其中一部分茶具设计样式，以及茶壶的制作方法。

福里斯特・米德尔顿（Forrest Middelton） 茶壶。这个茶壶的外表面虽然没有施釉，但气窑还原气氛仍然赋予其非常美丽的外观。

建议起始重量

绿茶茶壶：用泥量为 0.45 kg

红茶茶壶：用泥量为 0.9 kg

中号至大号黑茶茶壶：用泥量介于 1.8~2.8 kg

茶壶是最具挑战性的陶瓷器型之一，制陶者往往需要经过多年的练习和摸索才能掌握。当完成本章结尾处的技法练习之后，建议你到当地的茶馆或者茶具销售店做一番市场调研。除了能够享受一杯温暖的热茶之外，还可以结识到很多热衷于饮茶的朋友。有些茶友深谙饮茶文化的精髓，他们的意见和建议会帮助你设计出更好的茶壶。这种学习方法亦适用于咖啡爱好者、威士忌爱好者或者其他饮料爱好者。不必怀疑，茶友们的观点和洞察力绝对是你的设计灵感源泉！

设计茶壶

由于茶壶的各个部件已经在前文中介绍过了，所以本节将重点介绍如何将这些部件组合在一起形成特殊器型的茶壶。设计茶壶的壶身时，最先要考虑的是其形状和比例。从功能的角度来看，壶身的作用是储存茶水。壶身的尺寸取决于使用者的泡茶速度。绿茶的浸泡时间相对较短（1~2 分钟），绿茶茶壶的容量较小，通常介于 0.23~0.46 L。红茶的浸泡时间相对较长（3~5 分钟），红茶茶壶的容量较大，通常介于 0.46~0.9 L。在这里，不会标注所有类型茶壶的尺寸，但我想强调一点，作为茶壶制造者，应该根据茶叶的具体类型及其冲泡方式来设计茶壶。

与尺寸不同，壶身的形状纯属制作者个人趣味的表达。工业化生产的茶壶壶身有很多呈宽度与高度相等的球形。我们可以将其视为基础形状，通过改变及重新组

上面 3 个茶壶制造者从左到右依次为：约翰・尼利（John Neely），琳达・西克拉（Linda Sikora），道格・卡瑟比尔（Doug Casebeer）。他们都是大师级的茶壶制造者，借助把手的方向提升茶壶的使用价值和审美价值。最右侧照片中的茶壶是由道格・卡瑟比尔设计制作的，该茶壶的提梁是一根具有柔韧性的橡胶管。不同的材质令茶壶的传统器型展现出了全新的面貌！

合部件的方式设计出独特的壶身样式。如设计一个重心位于壶身上部的茶壶，壶身曲线的最宽处位于其顶部 1/3 处。为了衬托弧线的美感，这种样式的茶壶高度通常大于其宽度。与此相反，还可以设计一个重心位置位于壶身下部的茶壶，壶身曲线的最宽处位于其底部 1/3 处。重心较低的茶壶看上去比较沉重，可以通过塑造高足的方式弱化其沉重感。除了上述两种形状之外，还可以设计异形壶身，尝试各种形状，例如椭圆形壶身、棱边较圆润的方形壶身、有机形壶身、结构松散的壶身（可参阅第五章“改良拓展”中敲击、切割重组改变拉坯器型中的相关知识）。通过尝试各种形状设计制作出适宜的壶身，进而达到突出展现壶嘴、盖子，以及把手的目的。

确定了壶身的形状之后，下一步是确定把手的安装位置。在此需要考虑的设计原则是，对于一个液体盛放量较大的茶壶而言，在其顶部安装把手（提梁）更容易将茶水倒出来。这与人的手腕负重限制有关。你可以轻而易举地从上地面提起一个 4.5 kg 的物体，但很难将其悬空平举起来。因此，小茶壶的把手通常位于壶身的侧部，而大茶壶的把手（提梁）通常位于壶身的顶部。

关于重量分布问题，思考一下当你抓握把手的时候，手与壶身之间的距离有多远。距离过近会导致手被灼热的壶身烧伤；而距离过远时会感觉很不稳定，且把茶壶放进橱柜里的时候很容易将把手碰坏。我经常观察其他陶艺家制作的茶壶把手，或者查阅历史上的经典茶壶把手照片，以找到把手的最佳安装位置。

除此之外，另一个需要考虑的因素是，在倾倒茶水的过程中，是想让壶身的倾斜方向朝向躯干还是其他方向。当带状把手的位置位于壶身顶部或者侧部时，茶壶的倾斜方向朝向其他方向。与此相反，韩国或日本的小型茶壶上安装着球形侧把手，这类茶壶的倾斜方向朝向人体躯干。倒茶的人在将茶杯一一盛满之后会摆出献茶的姿势。这个例子中，把手的安装位置决定了饮茶者的动作习惯。

确定了把手的安装位置后，下一个要考虑的设计元素是壶嘴。绝大多数茶壶的壶嘴都呈封闭式，这种样式的壶嘴可以令茶水流出时汇聚成一个光滑且紧致的圆柱形。封闭式壶嘴有利于增强压力及流速，更容易将茶水倒入杯中。壶嘴的长度主要取决于个人喜好，建议你做一番测试，看看壶嘴的长度会对茶水的流动性造成怎样的影响。

在中国宜兴旅行时，我注意到当地人将非常精致的宜兴小茶壶放在木条茶盘上面。喝茶的时候，饮茶者将热茶水倒在茶杯、茶壶和其他茶具上。倒出来的水通过茶盘上的缝隙流入桌底的容器中。

设计茶壶时，另外一个需要考虑的因素是在壶身上开几个孔，以方便茶水流入壶嘴中。开孔的数量及尺寸取决于茶叶的特征。对于散茶叶而言，需要借助打孔工具在壶身上钻许多小孔，以形成茶叶过滤装置；而对于袋装茶叶而言，则需要在壶身开一个比壶嘴喉部直径略小的大洞。

用打孔器或者刀子旋切出来的孔洞边缘即便是釉烧之后也很锋利。为了降低其危险性，必须用湿海绵将孔洞和壶嘴的口沿修整平滑。完成这项工作之后就可以将壶嘴黏结到壶身上了。

专门为某一地域设计茶壶时必须考虑当地的文化习俗（除了茶壶之外，这一设计因素亦适用于所有类似属性的陶瓷器皿）。对盖子的要求与对壶嘴的要求有所区别。在中国，饮茶者希望盖子和壶身紧紧地贴合在一起，如此一来在倒茶的过程中盖子不会来回移动。要做到这一点，壶身就必须带有很深的子口或者盖子上带有锁扣结构，即便是只用一只手倒茶，盖子也能保持其原有位置。在美国，我发现绝大多数人倒茶时都会用一只手按住盖子，用另一只手抓握茶壶。

◀ 设计茶壶时首先要考虑茶叶的种类。把手的安装位置、茶壶的尺寸、茶漏的样式都需以此为设计基础。

不同文化之间的另一个差异是：饮茶者对倒完茶水之后壶嘴呈现出来的状态要求有所区别。在美国，一个优秀的茶壶制造者，其评判标准是倒茶后有多少水滴从壶嘴上滴落。当水滴的数量超过 1 滴时，该茶壶及其制造者的等级就会被降低。当我向中国的同行提起这种评判标准时，他们感到十分困惑。在经过进一步的调研之后，我意识到这可能与中国饮茶者用木条茶盘代替实心茶盘喝茶的习惯有关。木条茶盘可以将滴下来的茶水收集到位于桌面以下的容器中。相比之下，实心茶盘上如果积水的话，再坚固的桌子都会坏掉。我之所以如此强调美国和中国茶壶制造者之间的差异，是因为它展现出了不同地域饮茶者对茶具的要求有所区别。

糖罐、奶油罐

提及饮茶习俗，让我们看看欧洲的糖罐、奶油罐。中国人喝绿茶以及其他品种的茶叶时不会在茶水中加糖或者奶油。由于没有上述饮茶习俗，所以糖罐、奶油罐不是中国茶具的组成部分。欧洲人喝黑茶的时候会在茶水中加糖和奶油，这种饮茶习俗衍生出了糖罐和奶油罐。由于这两种茶具在欧洲市场的需求量很大，所以许多制陶者都将它们作为自己的主攻项目。

克里斯·皮克特（Chris Pickett） 糖罐和奶油罐套装（柴烧）。位于两个器皿下部的托盘状若枕头。要想设计一套好的糖罐和奶油罐，必须思考其闲置时该如何储藏。照片由艺术家本人提供。

史蒂文·戈弗雷（Steve Godfrey） 糖罐。艺术家将罐身作为展示平台，一只精心雕刻的渡渡鸟立于其上。鸟既是罐子的提钮，同时也是整个器皿的视觉焦点。

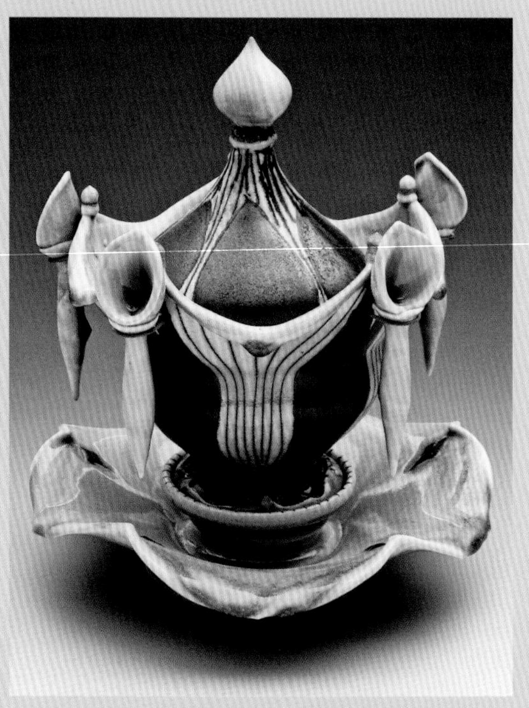

洛纳·米登（Lorna Meaden） 糖罐。罐身上挂着5只勺子。每一位使用者在搅拌咖啡或者茶后都可以将他们的勺子再次挂回原位。注意她是如何将勺子的外形与异形罐口的外形结合在一起的。

经验总结

杯子：拉 12 只杯子，每只杯子的用泥量为 0.45 kg。让这些杯子呈现三种形状：内凹形杯子、外凸形杯子、直筒形杯子。每只杯子的口沿和底足都不一样，比例亦应有所区别，如此一来你将得到 12 只形状独特的杯子。将每只杯子的杯身分为两部分，在其中一部分上绘制纹饰，另一部分喷涂你喜爱的釉料。

将烧好的杯子放在你的住宅、办公室或者工作室的各个角落，包括厨房、浴室、餐厅。在接下来的一个月中使用这些杯子，看看你或者你的家人将如何自然地重新排列出每一只杯子的位置。在家人或者朋友的帮助下，绘制一张杯子地图，记录下每只杯子最适宜的使用位置。以我为例，作为水杯的小杯子总会出现在浴室里，而大杯子则会出现在客厅的沙发旁。分析你在特定地点使用某些杯子的习惯，看看能否根据其设计形式归纳出常用杯子的使用规律。

碗：拉 3 只形状各异的碗，每只碗的用泥量为 0.45 kg。改变口沿外轮廓线的角度、底足外轮廓线的样式及宽度，进而达到改变底足与碗身比例的目的。再拉 3 只与上述碗形相同的碗，每只碗的用泥量为 0.9 kg。这一次着重改变碗的内轮廓线。

釉烧之后将这些碗放进厨房里使用一个星期。将以下问题的答案记录下来：

哪种碗适合盛放冷菜？哪种碗适合盛放热菜？哪种碗适合盛放沙拉？哪种碗适合盛放米饭？

比较一下在餐桌上吃饭和在沙发上吃饭的区别。哪种碗适合端拿在手上？哪种碗适合传菜？端拿在手上时重量是否适宜？

盘子：拉 10 只盘子，每只盘子的用泥量为 2.8 kg。其中 5 只盘子的口沿呈曲线形，待其达到半干状态之后重塑口沿，以使其呈现出不同的形状。另外 5 只盘子的口沿呈直线形，类似于意大利面碗的折口或者稍具斜度的敞口。通过改变口沿的角度和宽度使其呈现出不同的形状。用你喜爱的纹饰装饰其中任意 5 只盘子。另外 5 只盘子上的装饰少一些，以釉色为主。

在你做杯子的设计练习时，可以从马特·梅斯（Matt Metz）制作的这一系列杯子中汲取灵感。它们的功能都是相同的，但形状及外表面装饰完全不同。

釉烧之后，举办一次至少 10 人参加的小型宴会。将食物供应给每一个人之后，询问每位与会者为什么要选择他们手上的那一只盘子，以及他们喜欢用何种方式展示盘子内的食物。

茶壶：分别用 0.9 kg、1.4 kg、1.8 kg 的泥块拉球形茶壶。由于每个茶壶的用泥量各不相同，因此必须注意尺寸与比例之间的关系。使用前文介绍的把手制作方法，制作 3 种样式的把手。从 3 种类型中分别挑选出一个最好的把手，并将其黏结到器身——为 0.9 kg 重的茶壶安装侧把手、为 1.4 kg 重的茶壶安装带形侧把手、为 1.8 kg 重的茶壶安装顶把手（提梁）。最后，在壶身的适宜位置安装壶嘴。

烧好后用每一个茶壶冲泡各种类型的茶叶。问自己以下问题：仅用一只手能顺利倒出茶水吗，还是必须要按住盖子才行？倒茶结束时茶水是否会滴落？茶壶的尺寸适合休闲场合还是正式场合？抓握把手的时候，手会感觉很烫吗？

佳作欣赏

布赖恩·琼斯（Brian R. Jones）杯子。照片由艺术家本人提供。

萨曼莎·亨内基（Samantha Henneke） 带有斑点纹饰的布尔多戈陶杯。照片由艺术家本人提供。

马特·希曼（Matt Schiemann） 杯子。照片由艺术家本人提供。

塞缪尔·约翰逊（Samuel Johnson） 带有绳纹装饰的杯子。摄影师：史蒂夫·戴尔蒙德·艾力蒙兹（Steve Diamond Elements）。照片由艺术家本人提供。

马克·休伊特（Mark Hewitt） 杯子（内部嵌有玻璃）。照片由艺术家本人提供。

罗恩·梅耶斯（Ron Meyers），日式茶杯。照片由艺术家本人提供。

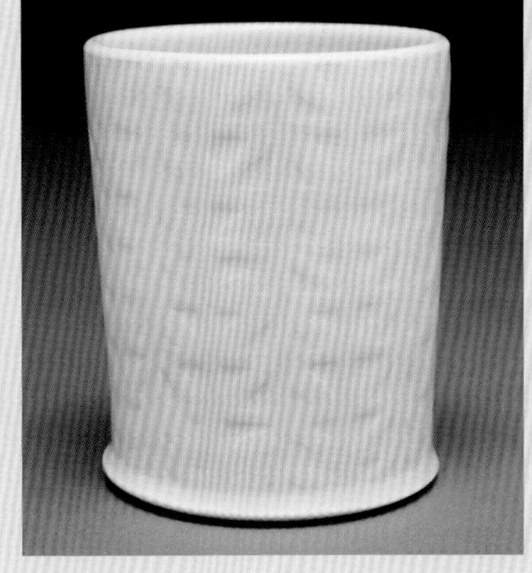

安迪·肖（Andy Shaw） 口杯。照片由艺术家本人提供。

安迪·肖　器皿。照片由艺术家本人提供。

罗恩·迈耶斯（Ron Meyers）　茶壶。照片由艺术家本人提供。

罗恩·迈耶斯　带有兔子纹饰的盘子。照片由艺术家本人提供。

派瑞·哈斯（Perry Hass）　茶壶。照片由艺术家本人提供。

麦克·赫尔克（Mike Helke）　倒水壶。照片由艺术家本人提供。

道格·佩尔茨曼（Doug Peltzman） 茶壶。照片由艺术家本人提供。

萨纳姆·埃马米（Sanam Emami） 盘子。照片由艺术家本人提供。

琳达·西克拉（Linda Sikora） 黄色器皿套装。摄影师：布赖恩·奥格尔斯比（Brian Oglesbee），照片由艺术家本人提供。

希尔薇·格拉纳泰利（Silvie Granatelli） 椭圆形果盘。照片由艺术家本人提供。

第五章：

改良拓展

有一天，正当我沉迷于器型的完美圆度时，我的老师走过来说：**"当你可以做出完美的圆形之后，你就不会再希望它是圆的了。"**她说得很对，我发现我现在做的很多器型都不再是圆的了。虽然改变拉坯器型的原始造型听起来像是大师级别的拉坯者才会探讨的话题，但我仍想鼓励你像孩子们那样心怀无忧无虑的态度练习拉坯成型法。

你第一次改变拉坯器型的原始造型时，很难做到一次成功，你需要投入比平时更长的时间才能彻底驾驭这种方法。制作出许多相同形状的器型时，不要不舍得改变它们。心怀恐惧和忐忑制作出来的"成功"器型与一个被改造到"崩溃"程度的器型相比，你能从后者学习到更多有用的知识。在经过多次失败的尝试之后，你一定会想出一种好的改良设计方案。可以这么说，改变拉坯器型的原始造型会让制陶者认识到几乎没有一种器型是珍贵到不能做丝毫改变的。当你对改变后的器型感到不满意时，把黏土重新揉一遍之后再次练习。如果想将整个改造过程记录下来的话，可以在回收之前拍照片。由于回收再利用黏土很容易，所以只需要报以无所顾虑的想法大胆去尝试就好了。

随着前面章节不断推进，你的练习对象将从抽象的浑圆对称器型转变到经过改良的有节奏、有纹饰的器型。节奏和纹饰赋予器型以生机和活力。在拉坯的过程中，思考一下该如何装饰你手中的这个器型。在成型阶段就确定好装饰方案，后期的装饰工作也会进行得顺利一些。如果你打算先把器型做出来，待几天之后再做装饰，那么你应该把装饰方案先记到速写本上，这样一来就不会忘记了。

考虑形状及其制约因素

改变拉坯器型的原始造型，第一次机会是在器型的成型阶段。最后一次是提泥结束后，借助肋骨形工具将器型外表面残留的泥浆刮干净，泥浆淤积会导致器型软化坍塌。确定了目标形状之后，分析一下改造过程大约需要多少步骤，步骤越少越好。

在改造器型的过程中，最大的“敌人”是水。其原因是过多的水渗入器壁会导致器型坍塌变形。改造器型之前，必须用肋骨形工具按压器型的外表面，或者用加热工具烘烤其外表面。改变器型会影响器壁曲线的强度，其原因是在拉坯过程中紧密靠拢的黏土粒子会被打散。一只圆形的碗与一只经过改造的碗相比，前者的轮廓线更陡峭，其原因是在拉坯的过程中碗壁的内外轮廓线都是经过挤压的。将圆形的碗做了拉伸改造之后，其原有结构会被弱化。如果器型在改造的过程中坍塌了的话，可以待其达到半干状态之后再作改造（图 A）。经过一段时间的练习之后，可以借助肋骨形工具把一个半干状态的器型改造成想要的形状，该形状比趁器型尚处于柔软状态时改造成的形状还要好。

改变拉坯机的转速会令器壁承受一定程度的压力。在改变器型的过程中，压力会在器型顶部形成摩擦力，进而导致该部位扭曲变形（图 B）。由于器型顶部所受的压力比器型底部所受的压力强一些，所以前者更容易出现问题。可以通过按压器型内壁的方法纠正。器型的形状虽然可以被纠正，但相关部位的厚度会变薄，并呈现外凸形曲线。当变形的程度过于严重时，整个器壁都会坍塌。

改造器型的时候，必须考虑其改变之后的轮廓线。将拉坯成型的器型改造成的正方形器型与用泥板成型法制作的正方形器型相比，前者给人的感觉更放松。改造尚处于柔软状态的器型时，既可以往其外表面上添加黏土也可以从其外表面上刮取黏土。待器型达到半干状态之后，借助橡胶质肋骨形工具精修每一条经过切割的边缘。

可以将拉坯器型的原始造型改造成矩形、三角形、五边形，以及其他任何一种几何形。在改造器型的过程中，思考一下如何在其外表面上创建块面及角度。在稍后的装饰过程中，可以在这些块面上绘制纹饰或者施以釉色，将一件造型复杂的器型装饰得非常有趣，以便与单一装饰形式形成鲜明对比。在设计制作系列作品时，我通常会制作出两个比例相似的器型，但二者的改造程度会有所区别。例如做两个茶壶，将其中一个茶壶改造成矩形，将另外一个茶壶改造成六边形，将它们并排放在一起作比较，看看复杂程度会对器型造成多大的影响。我发现诸如果盘之类的大器皿改造得复杂一些也无妨；而日常生活中经常使用的小器皿则不适合做过多改造。在尝试过本章介绍的器型改造方法之后，你一定会构建出自己的改造理念。

改变圆形湿坯的外形

本节重点介绍如何改造刚刚拉出来的器型。下述改造方法虽然都能改变原始器型的轮廓线，但其基本形状仍然为圆形。将这些方法作为基础技能加以练习，加上本章后半部分介绍的其他方法之后，你的器型改造技术一定会得到进一步提高。

埃伦·尚金（Ellen Shankin） 瓶子。圆形器型的水平方向和垂直方向均经过改造。

自由形式器型改造

用一种有趣的方式打破原始造型的浑圆曲线。“自由形式”一词有很多种含义，在此我将其粗略地定义为任意一种无规律的形式。当一位制陶者从器型内部向外按压时，你就会明白我所指的自由形式是什么意思了。

在将原始器型改造成自由形式之前，建议先在速写本上勾画出其基本轮廓。这将作为你后续工作的起点。经过改造后的器型既可以是均衡对称的，也可以是倾斜非对称的。

先拉一个比例适宜的器型，确保器壁具有足够的强度，以便能够承受得住改造器型时的外部压力。将双手洗干净并擦干，之后将器型改造成你想要的形状。在改造器型的过程中，建议即兴发挥。可以借助柔软的橡胶质肋骨形工具从器型的内侧及外侧塑造形体。

在成型的过程中，器型的外表面难免会留下指纹或者碎泥屑，可以待器型达到半干状态之后再去除。之后还有很多机会重新调整其形状，所以此刻的工作必须适可而止。

待器型达到半干状态之后将多余的黏土去除。在去除黏土的过程中，器型的外表面会留下明显的痕迹，任何细微变化都需要加以注意。可以将较浅的肌理保留下来，也可以借助肋骨形工具将所有痕迹彻底修整平滑。当肌理的深度较深时，可以在器型干燥的过程中反复修整。这样做可以有效预防器型开裂或翘曲。

借助肋骨形工具为器型添加装饰性元素

在讲拉坯方法的时候，介绍了如何在成型的过程中借助肋骨形工具清洁器型的外表面。除此之外，还可以借助肋骨形工具改造器型的轮廓线或者为器型添加装饰性元素。用肋骨形工具改造器型时，它将代替你的手指接触器型的外表面。

从诸如圆形的花瓶这类基本形状开始练起，拉好后将其外形改造成你想要的样式。借助橡胶质肋骨形工具将残留在器型外表面上的泥浆刮掉（图 A）。为了强化肋骨形工具的按压效果，器型的外表面越干净越好。

让拉坯机慢慢旋转，用金属质或木质肋骨形工具的平边按压器型的外表面。当手以均匀的速度向上提时，器型的外表面上会出现平滑的螺旋形曲线。当手随着器型的旋转上下滑动时，器型的外表面会出现波浪线（图 B、图 C）。

思考一下外凸形器型的外表面是如何与肋骨形工具带来的内压力相互作用的。旋压会缩小器型的体积。再想想用同样的方法按压内凹形器型的内壁时，其体积是如何增大的。用肋骨形工具按压各种形状的器型，从中找出最有效的变形方式。

如果觉得划出来的凹痕边缘太锋利的话，可以待器型达到半干状态之后，用湿海绵将其修饰得圆润一些。稍后选择一种具有沉积特征的釉料装饰器型，釉料会沉积在肋骨形工具划出的凹痕中，线条的美感会因此而得到强化。

在湿坯的外表面涂泥浆

在改变器型的时候，你可能只想改变其外表面而不是整体形状。可以通过往器型的外表面涂抹稠泥浆的方式达到上述目的，泥浆形成的肌理只会改变器型的外表面，并不会降低其结构稳定性。用这种方法改变器型时，仅需在其外表面涂抹一层泥浆即可。用与器型同样的黏土调一盆泥浆，其稠稀程度类似于酸奶。为了增加泥浆的流动性，可以用 80 目的筛子将其过滤一遍，以去除沙粒或者其他粗质颗粒。由于泥浆中含有大量水分，为了避免器型坍塌，必须等其达到半干状态之后才能在外表面涂抹泥浆。

拉一个轮廓线稍微外凸的器型。将其晾晒至半干状态。在往器型的外表面涂抹泥浆之前，先将其放在拉坯机转盘的正中心。必要时可用泥条将器型的底部固定。在拉坯机旁放一桶稠稀程度适宜的泥浆。让拉坯机慢慢旋转，同时用勺子盛起一勺泥浆。

把泥浆涂抹在器型的外表面（图 D、图 E）。随着拉坯机的旋转上下移动手臂，以形成波浪状肌理。泥浆越厚肌理越深，但要注意其收缩性。当泥浆层过厚时，在干燥的过程中肌理极易开裂甚至剥落。除此之外还要注意，泥浆越厚器型越重。

假如对泥浆肌理不满意的话，可以用橡胶质肋骨形工具将其抹平（图 F）。抹平之后的部位就像一块空白的画布一样，可以借助金属质肋骨形工具或者其他工具在这块画布上刻画肌理。除此之外，还可以用一把塑料梳子梳理该部位，以形成水波形纹饰（图 G）。甚至可以用手指快速划动该部位，以形成某种微妙的图案。

泥浆肌理亦适用于诸如碗类的开敞器型。在碗口内侧涂抹泥浆，并借助橡胶质肋骨形工具将其修整均匀。示例中的这只碗口沿微微外敞，把泥浆涂抹在该部位之后就形成了一圈带状纹饰（图 H）。

马特·朗（Matt Long） 长颈瓶。艺术家通过在瓶体上涂抹瓷泥泥浆的方式创作出极为有趣的肌理。

用中指快速划过泥浆层，划动的方向垂直向下（图 I）。继续划动，直至整圈图案全部完成为止（图 J）。碗的内部无须再做任何装饰，让光滑的碗内表面与富有肌理的碗口形成鲜明的对比已经足够了。作为主体装饰，碗口会将食物的颜色和质感衬托出来。

D
E
F
G
H
I
J

创建几何图形式立体肌理

我最喜欢的湿坯改造方法之一，是用滚轴工具在器型上画一个二维几何图案，然后将其推压成三维立体肌理。由于这种改造方法会使器型承受很大的压力，所以通常只在口沿或某个特定的区域做改造，而不是在整个器型上做改造。

先拉一只折口碗（图 K）。在碗的口沿周圈绘制某种几何图案，示例中的这只碗口上画的是三角形图案（图 L）。向上推压三角形与碗口相交汇的那一个顶点（图 M）。用一只手支撑碗口下部，用另一只手的食指向下按压三角形区域（图 N）。向上和向下的变化交替组合在一起，将二维三角形图案转变成非常引人注目的三维口沿（图 O）。

Ⓚ

制作椭圆形器皿

前文介绍的各种器型改造方法并不会改变器型的浑圆造型。本节将介绍如何把圆形器型改造成异形造型。先从椭圆形器型开始讲起，作为过渡阶段，这是一种很好的双向对称器型。

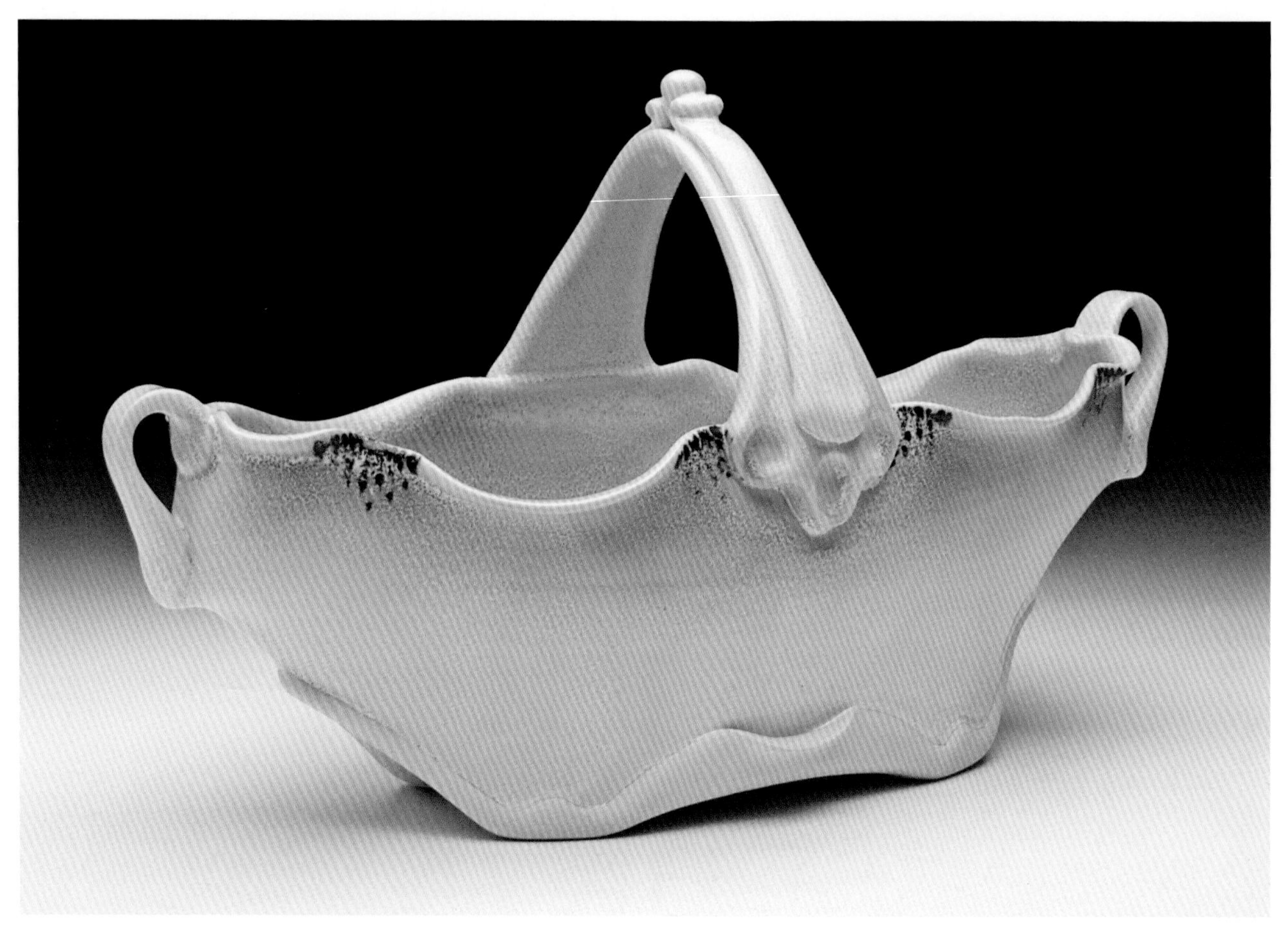

玛莎·格罗弗（Martha Grover）果盘。该果盘呈优雅的椭圆形，突出了底足、口沿及把手的美感。用圆形器型改造成的椭圆形器型充满了生机与活力。

绝大多数制陶者会采用两种方法（“柳叶法”和“无底法”）将一个圆形器型改造成椭圆形器型，这两种方法后文都会加以介绍。第一种方法叫做“柳叶法”，在改造器型的过程中，先将圆形底板上多余的部分切除，之后再将切口两侧拼合在一起形成椭圆形底板。“柳叶法”是趁器型尚处于最柔软、最具柔韧性的时候直接在拉坯机的转盘上完成的。用这两种方法都能制作出长度大于宽度的长椭圆形器型。

柳叶法

拉一只口径不超过底径 2 倍的碗。当你掌握了这种方法之后，可以尝试其他比例，但刚开始学习的时候最好先从上述比例的器型开始练起。开泥的时候，在器型底部预留厚度为 0.6 cm 的底板。将碗晾晒至一定干度，以指纹不会留在其外表面上为宜，确保碗口仍然具有足够的柔韧性。

看到上面的图片之后你就会明白为什么这种方法叫做“柳叶法”：底板上的切口形状犹如柳树的叶子，这个部位稍后是要被切除的（图 A）！当器型仍然黏结在拉坯机的转盘上时，用一把锋利的刀子在器型的底板上切一个细长的椭圆形切口。借助工具将椭圆形泥板彻底挖掉（图 B）。之后在椭圆形切口上涂抹泥浆并划痕。

往拉坯机的转盘上蘸点水，并借助割泥线将器型与拉坯机的转盘分割开。用手向内平推椭圆形的两侧，此时需确保器型的底板仍然贴合在拉坯机的转盘上。当器型的底板变成椭圆形时，将器型的口沿也塑造成相应的形状。继续推压器型的底部，直至椭圆形切口的两侧彻底黏合在一起为止（图 C）。当接缝处出现凹痕时，可以从切割下来的椭圆形泥板上取一部分黏土黏上去。借助橡胶质肋骨形工具将接缝部位修整平滑。

改变器型口沿的形状时，按压位置位于口沿的下方，将其形状塑造成与器型底部相似的椭圆形。刚刚开始塑形时，尽量不要触摸口沿的顶部，这样做极易造成口沿变形。待基础形状已经塑造好之后，用浸过水的湿手指或者麂皮布精修器型的口沿。通常情况下，用这种方法塑造出来的口沿较长方向的两侧顶点相对较高，器型无法平稳地倒放。你既可以将其视为独特的设计形式保留下来，也可以将其彻底切平。

待器型达到半干状态之后，借助金属质环形工具手工修整其外形。可以用割泥线在器型底部切割出四个块面状底足。这种样式的底足可以在器型底部形成负空间，进而达到在视觉上提升器型的目的。

无底法

无盖：将一个圆形器型改造成椭圆形器型的第二种方法叫做“无底法”。先拉一个没有底的圆柱形，用割泥线将其与拉坯机的转盘分割开之后，可以将其塑造成任意一种形状。改变圆柱体的形状时，先塑造其底部外形再塑造其口沿外形。将塑造好的椭圆形器型从拉坯机的转盘上切割下来，之后将其晾晒至半干状态。将半干的器型放在一张厚度为 0.6 cm 的泥板上。将器型与泥板的相接处周圈勾画出来并切割（图 D）。在将器型黏结在底板之前，先用橡胶质肋骨形工具按压一下底板的边缘（图 E）。分别在器型和底板的黏合处涂抹泥浆并划痕（图 F）。

有盖（第一种方法）：先拉一个没有底的圆柱形，但这一次要在器型口沿下方约 0.6 cm 处塑造一圈盖座。把无底器型的形状改造成椭圆形或者任意一种非圆形的形状。在将器型底部推压成椭圆形的过程中，需确保盖座的顶面不会下斜。用前文介绍的黏结方法将达到半干程度的器型和底板黏结在一起。

接下来，在半干器型的顶部放一块软泥板（图 G），泥板的尺寸需大于器型口沿的尺寸（各个方向均超出 0.6 cm）。向下按压泥板，使其呈现出流畅的下凹形曲线。让泥板在器型的口沿慢慢干燥至半干状态，之后将多余的黏土切除（图 H）。这块泥板就是该器型的盖子，它的形状与盖座的形状相吻合。为这个盖子黏结一个提钮，以方便拿取。

有盖（第二种方法）：这种方法适用于更加夸张的造型。拉一个没有底的倒圆锥形。用加热工具烘烤其外表面，直至不黏手为止。将圆锥形改造成椭圆形，并在较宽的一侧黏结底板。既可以将其作为花瓶，也可以将其作为底座，在上面再黏结一个倒圆锥形，以形成沙漏状茶壶。制作沙漏造型时，将其分解成上下两个部分分别拉制，最后黏结在一起，比一次成型要简单得多。可以把这种方法作为设计制作复杂器型的起点。

G

H

敲击、切割重组改变拉坯器型

敲击、切割重组非常适用于制作几何形器型。这两种方法最好在器型接近半干状态时操作。此阶段的器型仍具有一定的柔韧性，可以随意改造其形状，但同时又具有足够的干度，指纹不会留在器型的外表面。

乔希・科普斯（Josh Copus） 花瓶。艺术家先将两个拉坯成型的圆柱形黏结在一起，之后借助敲击及切割重组的方法将其改造成矩形。照片由艺术家本人提供。

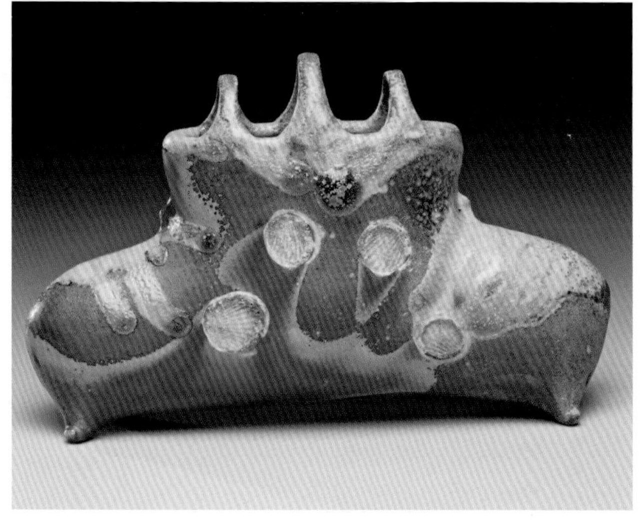

上图：克里斯汀・基弗（Kristen Kieffer） 花瓶。
下图：塔拉・威尔逊（Tara Wilson） 花瓶。
这两个花瓶的外形都是借助切割重组的方式塑造而成的。对器型进行切割重组时，必须考虑其底部以及口沿的样式。从照片中可以看到两个花瓶的底部相对较小，瓶身的优美曲线由此延展开来。器型因此得以提升，形成另一条重心水平线，并成为整个花瓶的视觉焦点。两位艺术家借助对角线构图方式，将花瓶底部 1/3 完美过渡为底足。与那些底足呈水平直边状或垂直状的花瓶相比，照片中的这两个花瓶更具生机和活力。照片由艺术家本人提供。

敲击

敲击是最直观的器型改造方法之一。借助木块或者硬塑料块敲击器型的外表面，进而将其改造成想要的形状。你所在地的陶艺用品商店里可能会出售专门用于敲击器型的陶拍，也可以用大木勺达到改变器型的目的。我将在示范中演示如何借助工具将圆形器型改造成方形器型，你可以用这种方法将其外形改造成更加复杂的几何形，如八边形。

除此之外，还可以用这种方法将圆形器型改造成任意一种非对称的自由形状。乔希 · 科普斯设计制作的大花瓶就是这种方法的最好例证。该花瓶由多个拉坯成型的圆柱形组合而成，成型后先用陶拍将其外形改造成矩形，之后再借助雕刻刀精修其轮廓线。

拉一只和杯子相似的器型，其底部1/3带有弧度，中上部呈直线形。将器壁拉得稍微厚一些。让器型静置晾晒一段时间或者用加热工具烘烤其外表面，待器型具有足够的强度之后再用陶拍敲击其外表面。

将器型的口沿分成4等份，用手向外推压，直至将其塑造成正方形。把左手放在器型内侧3点钟的位置。用木质陶拍敲击器型的外表面，敲击位置与此时位于器型内部的那只手的位置相对应。用适当的力度将器型的外壁从曲面改造成平面。持续敲击，直到将整个器型的四个面全部敲平为止。用陶拍敲击出来的块面棱边比较柔和。为了让器型呈现出棱角分明的外观，可以借助肋骨形工具将其棱边修整得更加锐利一些。可以用刀子为器型塑造圆形底足或者方形底足。

除此之外，在敲击的过程中，也可以在器型的外表面添加一些肌理。图例中的方形杯子就是用表面光滑的陶拍敲击出来的（图A）。用带有肌理的陶拍敲击器型的外表面可以形成十分独特的装饰图案。你也可以先将一只杯子敲击成方形，然后再借助绳子或其他滚压工具在其外表面压印肌理。

切割重组

切割重组常用于裁剪及金属加工。通过在器型顶部或者中部切割几何形（三角形、菱形）洞口，再将洞口两侧黏合在一起的方式，可以将圆柱形器型改造成非圆柱形器型。切口的数量会影响整个器型的形状。仅设置两个或者多个较小的切口时，可以创建出对称的器型（图 A）；而设置一个较大的切口时则会创建出非对称器型。和其他器型改造方法一样，切割重组亦需要在器型达到一定程度的干湿状态之后操作。此阶段的器型具有足够的干度，不黏手但同时还具有一定的柔韧性。

第一次尝试切割重组时，从拉一个比杯子略粗的、15 cm 高的罐型开始练起。用简单的罐型练习切割重组有助你理解这种方法。照片中使用的这个罐子，罐身最宽的部位位于底部 1/3 处。先将罐子晾晒到接近半干的状态。在罐子顶部对称画出两个三角形，三角形的底边与罐口重合（图 B）。

先用刀子将三角形区域切割掉，之后将三角形的两侧边缘黏结在一起（图 C）。假如不想让接缝暴露出来的话，可以在三角形的两条边上做倒角处理。除此之外，还可以将这两条边叠摞在一起，刻意展现其构造方式。在黏结部位涂抹泥浆并划痕。

切口的尺寸及坯体的柔软程度将影响器型的体积。所有的切口都会缩小器型的体积，但是倘若将切口以下的部位向外推压的话，器型的体积会有所增加。对于封闭式器型而言，可以通过用手指或者木棍顶压的方式，甚至吹气的方式扩张器型的轮廓线。这一点在前文中也讲过，按压器型的内壁会扩张其体积。对于一个切割重组的器型而言，花费一点时间精修其内轮廓线，会令整个器型呈现出蓬勃的生机。

詹 · 艾伦（Jen Allen）是制作切割重组器型的大师。下文收录了由她绘制的一点切割和两点切割草图，以及她用这种方法设计制作的陶瓷器皿图片。

经验总结

椭圆形器型：从 4 块 0.9 kg 重的泥开始练起。先用“柳叶法”将 2 个圆形器型改造成椭圆形器型。2 个器型底板上的椭圆形切口长度及宽度各不相同，这种方式能让你更好地了解切口比例对器型外形的影响。除此之外，还可以在器型处于不同干湿状态下改造其形状。改造结果是否成功取决于你对器型干湿状态的掌控程度。

用“无底法”将剩下的 2 个圆形器型改造成椭圆形器型。首先，拉 2 个高度及宽度不同的无底圆柱形。在第一个圆柱形的口沿上塑造一圈盖座，稍后可以练习如何为其制作一个平板形盖子。将第二个圆柱形塑造成上宽下窄的样式。将其形状改造成椭圆形之后，它看上去很像一只碗。想一想，在改造器型的过程中，器壁是如何变形的。你有没有注意到改造之后的器型口沿或多或少有些变形？为器型黏结一个底板。

敲击：从 3 块 1.4 kg 重的泥开始练起。拉 3 个轮廓线分别为内凹形、外凸形，以及笔直形的花瓶，其高度越高越好。借助陶拍将这 3 个花瓶敲击成块面数量不同的多边形。例如从内凹形花瓶的两侧进行敲击，进而将其改造成柔和的椭圆形；从外凸形花瓶的四侧进行敲击，进而将其改造成正方形。敲击完之后，将器型晾晒至半干状态。

在其中一个花瓶的外表面涂一层稠泥浆，以形成泥浆肌理。用雕刻工具或者自制的肋骨形工具刻画另外一个花瓶的外表面，以形成深浅不同的划痕状肌理。将第三个花瓶的外表面修整平滑，以展现器型本身的轮廓线。在不失外形的前提下，将花瓶上过于锐利的棱边修整得稍微柔和一些。

待 3 个花瓶全部素烧之后，试着给它们分别挑选一种最能展现其造型美感的釉料。想一想具有流动性的釉料是如何嵌入肌理中的，想一想亮光釉或者亚光釉会如何改变器型的软硬感知度。

切割重组：从 4 块 0.9 kg 重的泥开始练起。拉 1 个内凹形花瓶、1 个外凸形花瓶，以及 2 个直线形花瓶。4 个花瓶的高度、直径、壁厚均相同。以前文詹·艾伦绘制的一点切割及两点切割草图为基础，在花瓶的外表面做切割重组练习。由于花瓶是用于盛放花朵的，所以必须在其顶部预留出尺寸适宜的开口，以方便倒水。在其中 2 个花瓶的外表面上保留接缝痕迹。将另外 2 个花瓶外表面上的接缝痕迹彻底修整平滑，以突出瓶体本身的曲线。素烧、施釉并釉烧。

买一些鲜花并将它们放入花瓶中。之后问自己以下问题：

不同程度的切口会对花瓶的形状造成怎样的影响？由柔和切口改造出来的器型与由夸张切口改造出来的器型相比，你更喜欢哪一种？

切口的数量会对瓶口的尺寸造成何种影响？哪种尺寸的瓶口更适合插花？

哪种器型更能突出花朵的美感？如果再重新做一次尝试的话，你会给每种器型搭配何种尺寸的花卉？

切割重组进阶

切割重组是一种简单且令人兴奋的器型改造方法，它可以在器型的外表面创建复杂的曲线。在器型顶部做三角形切口可以使其呈现出锐角状；在器型中部做菱形切口可以使其呈现出引人注目的曲线。詹 · 艾伦（Jen Allen）借助切割重组方法设计制作了很多优秀的陶瓷作品。在本节中，你将看到艾伦绘制的圆柱形切割重组草图以及她用这种方法改造出来的各式各样的器型。

一点切割：

1. 在器型口部做一点切割。

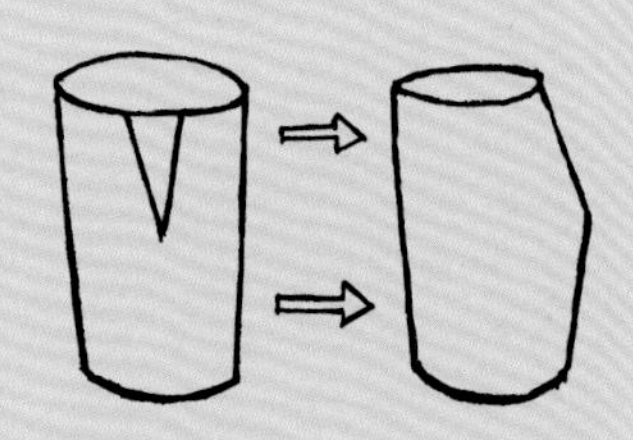

2. 切割位置与步骤 1 相同，但三角形切口的宽度更宽，从侧视图可以看出改造后的器型角度较之步骤 1 更夸张、更陡峭。

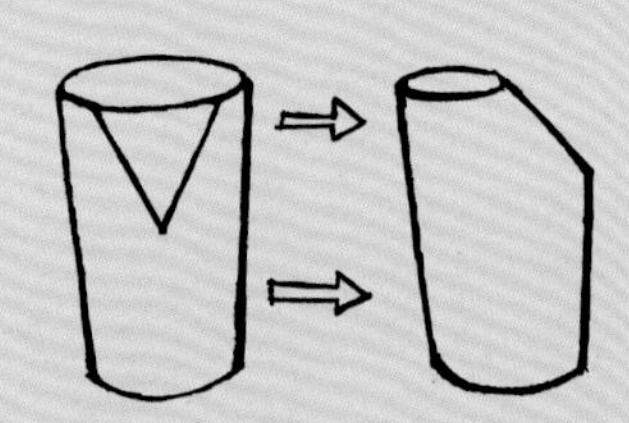

3. 分别在器型口部和底部做一点切割。

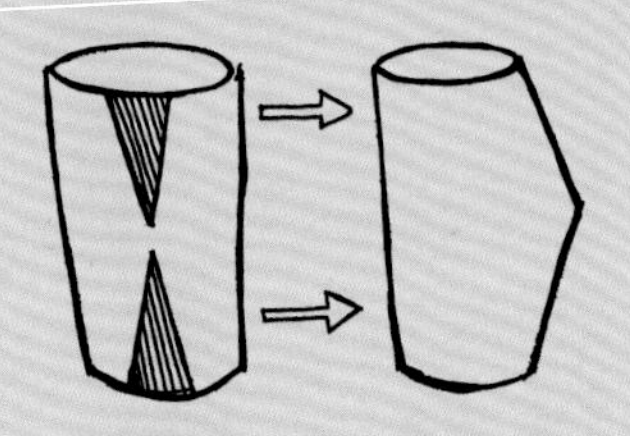

4. 在器型口部做对立位置的一点切割。

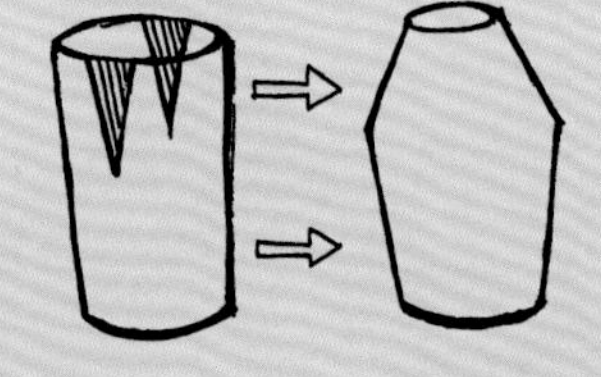

5. 在器型口部做四等分的一点切割。

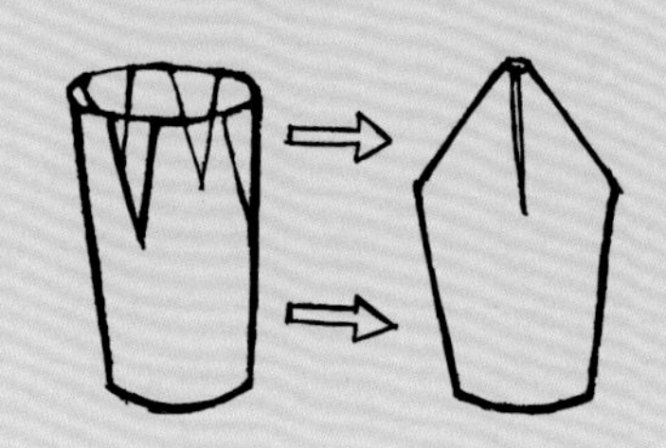

两点切割：

1. 在器身上做从顶到底的两点切割。

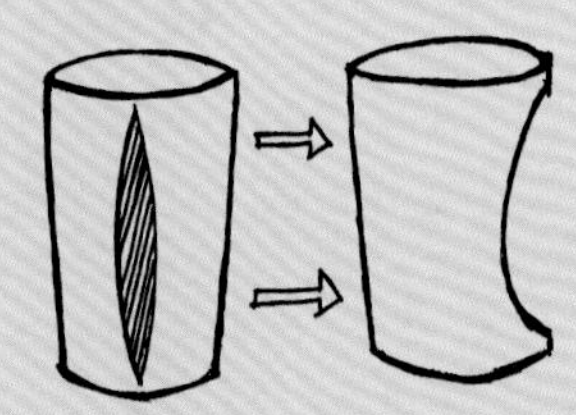

2. 在器身中部做两点切割。

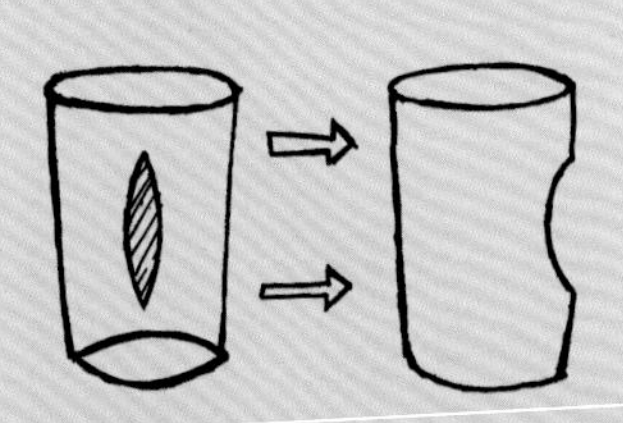

3. 切割位置与步骤 2 相同，但切口的宽度更宽，从侧视图可以看出改造后的器型轮廓较之步骤 2 更夸张，体积缩减得更严重。

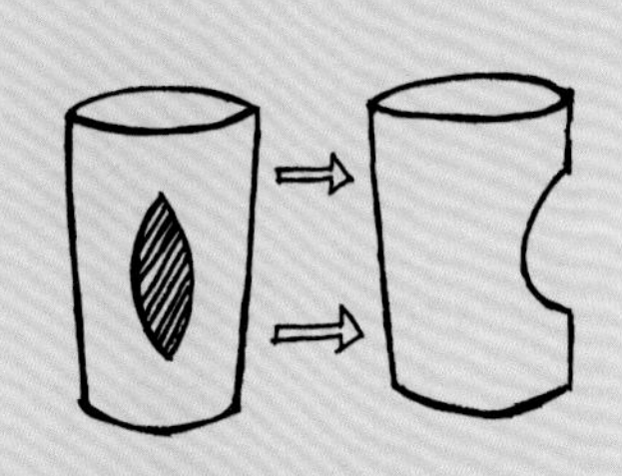

4. 在器身中部做对立位置的两点切割。

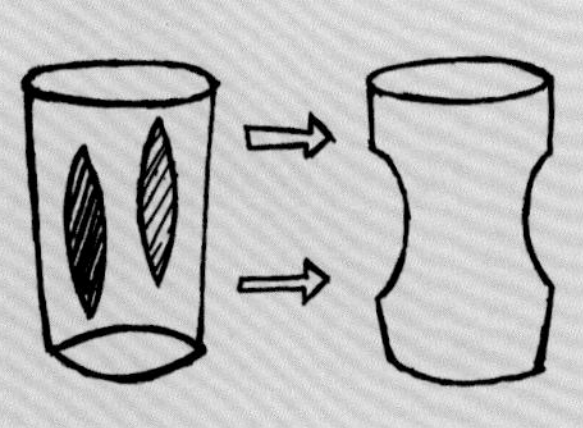

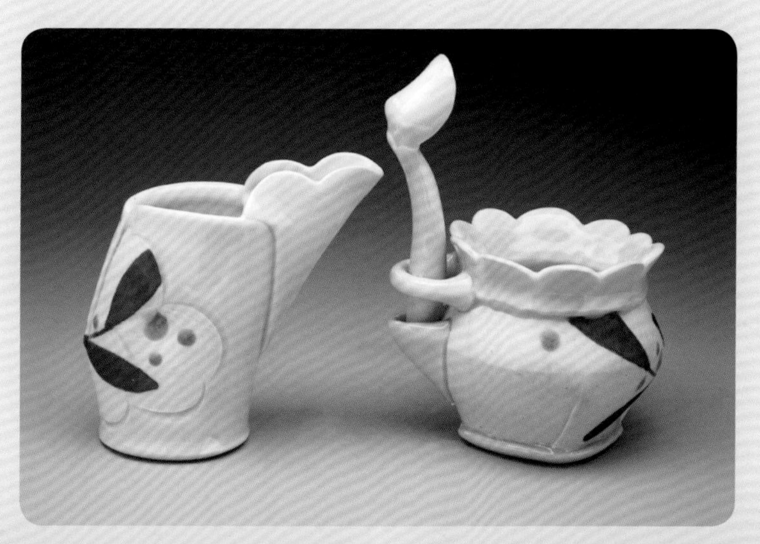

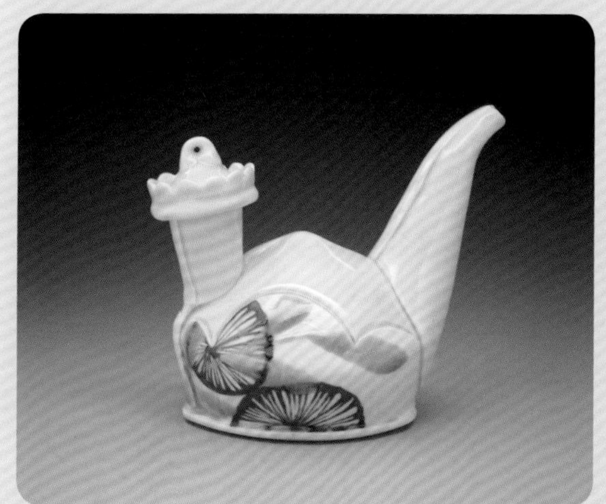

照片由艺术家本人提供。

佳作欣赏

朱莉娅·加洛韦（Julia Galloway） 糖罐、奶油罐套装茶具。照片由艺术家本人提供。

史蒂芬·戈弗雷（Steven Godfrey） 花盆。照片由艺术家本人提供。

肖恩·奥康奈尔（Sean O'Connell） 椭圆形果盘。照片由艺术家本人提供。

理查德·汉斯莱（Richard Hensley） 扇贝形碗。照片由艺术家本人提供。

麦肯齐·史密斯（Mackenzie Smith） 金色盒子。照片由艺术家本人提供。

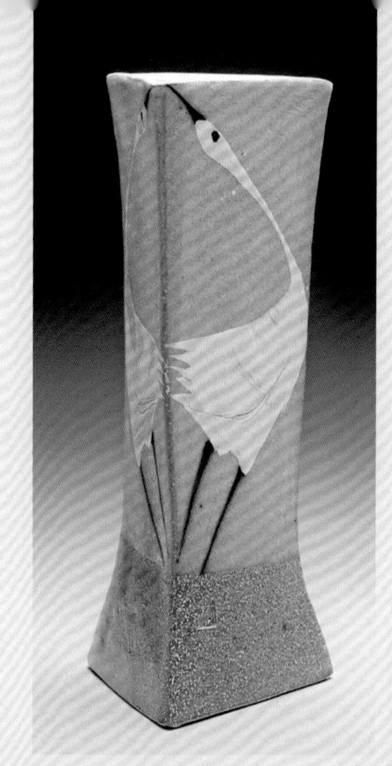

迈克尔·西蒙（Michael Simon） 三角形花瓶。照片由艺术家本人提供。

萨纳姆·埃马米（Sanam Emami） 碗形花器。照片由艺术家本人提供。

马特·托尔斯（Matt Towers） 扭矩形花瓶。照片由艺术家本人提供。

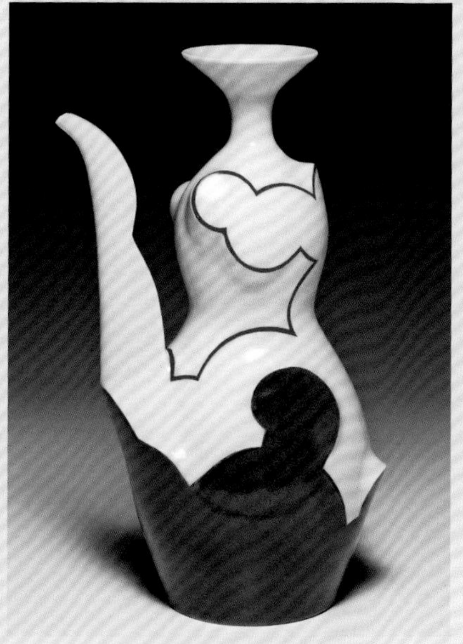

山姆·春（Sam Chung） 云纹水器。照片由艺术家本人提供。

肖恩·斯潘格勒（Shawn Spangler） 茶壶。照片由艺术家本人提供。

埃伦·尚金（Ellen Shankin） 水罐。照片由艺术家本人提供。

第六章：

拉制大型器皿

希望正在阅读本章的你已经具备了拉制大型器皿的基础，如果是这样的话，那么是时候开始新的挑战了！对于那些第一次尝试拉制大型器皿的同行，我向你保证，你已经掌握的拉坯方法足以引导你完成这项工作。对于那些已经尝试过拉制大型器皿的同行，建议挑战一些新技法，以进一步增加器型的体量及其复杂程度。

拉制大型器皿是一项极富挑战性的工作，其风险性和回报率都很高。从第一次看到大型器皿被完成的那一刻起，直到它们在某个人家中找到容身之处，我的心里都感到无比兴奋。我一直很喜欢用小型餐具吃饭，但我更享受超大型盘子带给我的兴奋感，其原因是大盘子在餐桌上更能得到进餐者的瞩目。有一点我必须得说，当从一个高度为 68 cm 的窑炉内取出一只高度达到 60 cm 的花瓶时，那种感觉真是太棒了。

人体与器型尺寸之间的心理关系或许会让你感到惊讶。当器型的体量与人体躯干的大小相近时，我们倾向于将其视为有生命的物体，怀抱着它们的时候会感觉到我们正在以某种方式分享着其制作者的灵魂和个性。例如，当你站在彼得·沃克斯（Peter Volkous）制作的堆叠型容器旁时，会感觉到作者的情感就附于其中。将制作者的情感或者精神融入大型容器之中，这不仅仅是艺术界关注的问题，同时亦是宗教仪式及人类历史文化的研究课题。在世界上的许多地区，大型陶瓷器皿被用作墓碑及棺木。深入研究器型尺寸与人类生活之间的关系，是我们设计制作大型器皿的基础。

虽然上述主题听起来让人感觉心情沉重，但我提出它的原因是大型器皿能为制作者提供很多新机遇。希望各位同行能接受这种观念，作为制作者应当引导使用者去感受、去体验、去超越器皿本身的深层意义。

基础知识

请注意，在正式开始本章介绍的各项练习之前，必须考虑多个必备因素，以确保能够拉制出体量足够大的器皿。第一个必备因素是拉制大型器皿需要揉一块体量足够大的泥。建议采用螺旋形揉泥法，这种方法可以轻松揉制出足够体量的泥块。首先，以平稳的节奏前后揉泥。向后揉泥时，停止位置比前次略靠前一点。反复几次之后泥块就会呈现出一端较尖、另一端较平的圆锥形。螺旋形揉泥法会将泥块外侧的黏土重新推回泥块的中心部位。接近尾声的时候，逐渐增加向后揉动的幅度，以便将泥块塑造成球形。

找中心

学生们会经常抱怨，因为他们不够强壮，无法将一大块泥放在拉坯机转盘的正中心。每当听到这种抱怨时，我都会想起那句古老的格言：**“要聪明地工作，而不是努力地工作”**。当方法适宜时，为大泥块找中心并不见得就一定比为小泥块找中心更费劲。在拉制大型器皿的过程中，或许确实需要用上全身的力气才行，但如果已经具有一定经验的话，你的每一块肌肉其实已经具备了驾驭大泥块的能力。我演示的方法可以让你逐渐驾驭更大体量的泥块，在此过程中，你的背部和手臂不会承受过多的外力。首先，介绍一种调整身体姿势的方法，该方法足以让你将一块 4.5 kg（或者更重）的泥一次放到拉坯机转盘的正中心。之后，我将介绍 4.5 kg 以上泥块的找中心方法。

注意事项：如果需要复习拉坯方法的话，请参见前文相关内容。我将以表盘上的指针位置作为参照物来描述手指的位置。

为 4.5 kg（或者更重）的泥块找中心

将泥块放在拉坯机转盘的正中心。一边让拉坯机慢慢旋转，一边伸出双手向下拍打泥块。像打邦戈鼓那样有节奏地拍打。在此过程中不需要将泥块的外表面蘸水，仅需将其塑造成更容易找中心的形状即可（图 A）。

待泥块的顶部呈现出规整的穹隆形之后，在双手和泥块的外表面上蘸一些水。接下来，将拉坯机的转速调到接近 3/4 的速度，以便能充分利用电机的强度。要想将泥块塑造成锥形，需把右手放在泥块上 1 点钟的位置，把左手放在泥块上 7 点钟的位置（图 B）。由于绝大多数人习惯用右手，因此右手的力气更大一些，让右手的强力与左手的弱力形成相对立的位置关系。按照找中心方法的向上推压泥块。

向下按压圆锥形泥块时，往位于泥块顶部的那只手里放一块湿海绵，当你觉得摩擦力比较大需要润滑时挤压海绵。为大泥块找中心时，水的使用量相对较多，但需要注意的是，只有必要的时候才从海绵内挤些水出来，过量用水会导致泥块无法成型。向下按压圆锥形泥块时，让紧握成拳头状的右手朝躯干方向移动，越过拉坯机的中心线。用手掌外侧（小拇指区域）及手腕以一定角度向下推压泥块（图 C）。当泥块的体量比较大时，必须借助躯干和上臂的肌肉才能保持其稳定性。必要时可以站起来操作，以便将手臂作为杠杆来使用。感觉摩擦力增大时，可以通过从海绵内挤水的方式减弱。用左手抵住右手推压下来的泥块。按照你平时的方法为泥块找中心。

借助工具找中心

在此，为大家介绍另外一种找中心方法，我个人从未使用过这种方法——借助木棍为大泥块找中心。这种方法的灵感来源于旋压成型法（一种工业成型方法），该方法利用金属杠杆将泥块压入木质模具中。用这种方法为泥块找中心时，首先需要准备一根横截面 2.5 cm × 5 cm、长度 30 cm 的木棍。用厚塑料布包住木棍，并用布质胶带将其两端包裹起来。

将揉好的泥块放在拉坯机转盘的正中心。如前文所述，向上和向下推压泥块，将其形状塑造成圆锥形。当你感到泥块过度摇晃、即将失控时停止用力。

将木棍的一端放在拉坯机储泥盘边缘的 4 点钟位置。将其固定好之后，用左手握住木棍的另一端向下按压。手按压木棍，木棍又按压泥块，如此一来，手与木棍就形成了杠杆体系，作为杠杆的木棍将代替你的手向下按压泥块，储泥盘就是杠杆的支点。

在下压棍子的过程中，有时需要双手用力，那么左手就不会像平时那样位于泥块上部。当泥块开始剧烈晃动时，可以通过左手压棍子、右手压泥块顶部的方式改善。

叠加找中心法

有些时候，需要为一块 9 kg 或者更重的泥块找中心。叠加找中心法可以让你将单块重量不超过 4.5 kg 的多个泥块以叠加的方式轻松地推至拉坯机转盘的正中心。首先，按照上文介绍的方法先为一块 4.5 kg 的泥块找中心。

接下来，再揉一块 4.5 kg 的泥，并将其放在拉坯机的转盘旁边。借助橡胶质肋骨形工具将残留在泥块顶部的水彻底清除干净（图 D）。将新揉好的泥块用力砸到底层泥块上。继续操作之前需确保二者已经黏结为一个牢固的整体（图 E）。

使用与底层泥块相同的方法将新泥块塑造成锥形。向下按压圆锥形泥块时，上下两个泥块的顶部和底部会牢牢地黏结在一起。两者之间的过渡部位应该是平滑且无缝的，所以必要时可以通过向上及向下按压的方式加固。往底层泥块上继续添加新泥块，直至其体量足以满足你制作出理想尺寸的器型为止（图 F、图 G）。

使用加热工具

在本节中，你将学习如何借助加热工具烘烤器型。制作体量较大的器型时，加热工具可以节省数小时的干燥时间。可供选择的加热工具多种多样，包括吹风机、壁纸揭除器和喷灯。在决定使用哪种加热工具时，应考虑其安全性能、施工速度，以及可能影响公共场所的任何一项使用规则。

诸如吹风机之类的加热工具需依靠电力为加热元件提供热能。发动机将气流推过加热的电热丝，快速形成预热空气。器型的外表面在热量和气流的双重影响下快速干燥。这类加热工具的缺点是将电引入必须使用水的成型过程中，因此存在着一定的安全隐患。当然，只要进行适当地培训并做好安全预防措施，在绝大多数陶艺工作室内使用吹风机都是安全的。事实上，与吹风机相比而言，喷灯的危险性更大一些，其原因是这种加热工具会产生明火。因此，使用喷灯引发火灾或者导致使用者烧伤的可能性更大。但由于其烘烤速度极快、效率极高，所以一直以来都是很多制陶者的首选加热工具。喷灯和吹风机相比，前者可以在 5 分钟之内将一个刚刚拉好的器型烘烤至半干状态，而后者则需要 10~15 分钟才能达到同样的效果。所以在注意安全的前提下，喷灯是非常好的选择。

无论是使用吹风机还是喷灯烘烤器型，都需确保在烘烤的过程中，器型始终处于旋转的状态。最好的方式是一边上下移动加热工具，一边慢慢转动拉坯机（图 H）。烘烤器型的时候，必须均匀烘烤其内外两侧器壁，仅烘烤一侧的话，受热部位会因过度收缩而出现开裂现象。不移动加热工具只烘烤某一个点，会导致该部位出现水蒸气。这样做很可能导致蒸汽聚集，进而引发器型炸裂（鼓包）。除此之外，还需要注意器型放置的工作台面。有些人会把器型放在不耐火的台面上，我曾数次亲眼看到由于烘烤不当而部分熔融的塑料转盘。最后，必须注意工作室里是否会有小孩子出没。千万不要让无人看管的小孩子甚至是青少年单独接触上述加热工具！即使是家教良好的孩子也很难抵御火的诱惑，切不可冒险。

拉制高大器型

拉制高大器型的时候必须制定拉坯方案。采用即兴创作的形式拉制小器型没有任何问题，但是无计划地拉制高大器型则显得过于草率。当器型的比例明确地出现在你的头脑中时，拉坯的步骤也会是十分形象化的。正式拉坯之前先在速写本上绘制草图，这将使后续的工作既高效又果断。即便是拉制高大器型，也需要在 3~5 次提泥之后将其塑造至最大高度。器型的高度越高，受到的重力影响就越大。使用较硬的黏土拉坯，或者借助加热工具烘烤器型，将有助于器型达到新的高度。

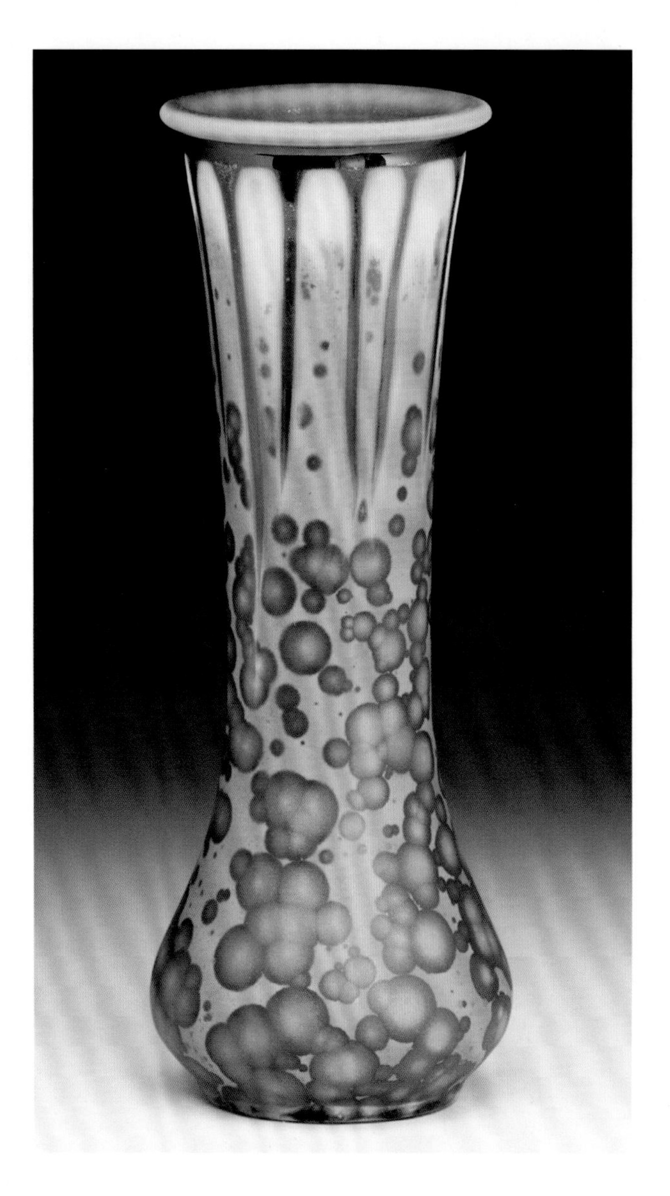

在设计器型的时候必须考虑其视觉上的重心位置。该位置位于器型上曲线最宽的部位。对于上大下小的器型而言，其曲线最宽处位于器型顶部 1/3 处；而对于上小下大的器型而言，其曲线最宽处则位于器型底部 1/3 处。当拉制诸如水罐之类的垂直形器型时，在坐到拉坯机旁之前就应当先确定好其重心位置。

除了视觉上的重心位置之外，还要考虑物理重量将在使用的过程中对器型造成何种影响。当器型的高度增加后，其内部容纳的液体或食物的数量也会随之增多。例如，在制作一个高度为 16 cm 的罐子时，想想除了罐子本身的重量之外，当其内部盛满液体之后，其整体重量会达到多少。有些时候，当器型的重量达到其物理重量的上限时会损害其使用功能。就我个人而言，制作的水罐盛满冰茶后我无法单手将其拿起的话，我会适度降低其高度。在制作并亲手使用过大型器皿之后，应当为每种器型制定出最佳的设计参数。

萨曼莎·亨内基（Samantha Henneke）布尔多戈陶质花瓶。瓶体的外表面饰有美丽的结晶釉。这个高大的花瓶由多个拉坯部件组合而成，接缝部位经过了仔细的修整。

第一次拉制高大器型的时候先从 4.5 kg 的泥块开始练起，每隔几周增加 2.3 kg 的用泥量。你的目标是用一块 9 kg 的泥块轻松地拉制出一个高大器型。

首先，将拉坯垫板固定在拉坯机的转盘上，或者借助一块薄薄的泥板将拉坯垫板黏结在拉坯机的转盘上。将泥块塑造成锥形并开始为其找中心（图 A）。右手向前推压，左手向后推压，以便在推拉方向产生更多的力，当泥块的体量较大时，你会发现塑造出来的圆锥形比预期要高很多。向下按压圆锥形泥块，直至其高度达到 20 cm 时停止用力，该高度比你平时塑造的泥块高很多（图 B）。开泥，直至其底板厚度达到 6 cm 时停止用力，然后将开口的直径拉至 7 cm 左右（图 C）。在进一步扩展其内径之前，考虑一下该尺寸会如何影响到器壁的用泥量。

接下来，将泥块塑造成火山形。第一次垂直提泥时，需将最大量的泥块提起来。假如发现仅靠手指上的力量无法将其提起来的话，试着将手指弯曲起来借助关节的力量提泥。长时间提泥会生成巨大的摩擦力，可以在手指上包裹一层薄薄的湿海绵，以增加泥块的润滑度。第二次提泥时，位于泥块内侧的手用力稍小些，这样一来就可以将其塑造成火山形或者圆锥形，泥块底部的宽度至少是其顶部宽度的 2 倍。这种形状更便于操控器型的底部。

需要往泥块的外表面上补水时，可以用湿海绵轻触该部位。过度补水会导致泥块无法提升，所以水的添加量一定要适宜，以手指可以顺利滑过泥块的外表面为宜。随着泥块的高度不断增升，左手肘必须抬高才行，你的前臂也会随之离开泥块的内侧边缘（图 D）。假如此时感到坐着拉坯摩擦力太大的话，第三次提泥时可以站起来。采用站姿提泥可以提起更多的泥块，同时身体也不会偏离泥块的中心。每次提泥之后都需将器型的口沿按压一番。

在某些时刻，可以使用干拉法拉制器型。即在前两次提泥之后不要往泥块的外表面上蘸水。手的位置及施力方向与湿拉法相同，但建议将拉坯机的转速适度调慢

A

B

C

D

一些。每次提泥时用力稍微轻一些，如此一来即便不补水，手指也能顺利滑过泥块的外表面。只要泥块各部位的干湿程度是均匀一致的，那么手指感受到的摩擦力就也是均匀一致的。为干拉成型的器型补水时，需确保各个部位的补水量相同。假如器型的某个部位是湿的，而其他部位是干的，在这种情况下器型极易晃动（图 E）。补水不均匀会导致器型扭转变形，进而偏离拉坯机转盘的正中心。将采用干拉法拉出来的器型和采用湿拉法拉出来的器型做一比较可以发现，前者的高度高于后者。

塑形

在 5~7 次提泥之后，接下来是塑形工作。拉制高大器型的时候，我会在其内部及外部使用肋骨形工具（图 F）。可以把橡胶质肋骨形工具、木质肋骨形工具，以及金属质肋骨形工具都尝试一下，看看不同质地的工具会对器壁造成何种影响（图 G）。借助工具拉坯时不需要往器型的外表面蘸水。仅在器型剧烈晃动的时候补些水。

和茶壶一样，拉制高大器型时亦需考虑其视觉上的重心位置。器型曲线的最宽处可以位于下部 1/3 处、中部 1/3 处或上部 1/3 处。更改器型的曲线时需注意其对整个器型的影响（图 H、图 I）。

当基本形状拉制完成后，有几个选项供选择，具体选择哪一种取决于器型的功能。如果做的是花瓶，需要为其塑造一个敞口，以便突出其盛放鲜花的功能；如果做的是罐子，需要在其口沿处拉制一圈盖座（图 J、图 K）。和小器型一样，需要用麂皮布或手指修整其口沿。器型完成之后，将其从拉坯机的转盘上切割下来。正如前文中提到的那样，建议在拉坯垫板上拉制大器型，如此一来，当你从拉坯机的转盘上取下器型时，其形状不

F
G
H
I

易遭到破坏。假如在拉坯机的转盘上直接拉制的话，在将其切割下来并移动之前，必须用加热工具将器型的底部吹干一些。

如果做的是水罐，需要将其口沿塑造得厚一些。确定好壶嘴的位置之后，用食指和拇指向内挤压该部位，以塑造出壶嘴的形状（图 L）。挤压力度需适宜，需确保其具有足够的宽度。为了让壶嘴高于口沿上的其他部位，需将该处轻轻向上捏塑少许。经过捏塑的壶嘴器壁较薄，且其边缘呈向内倾斜状（图 M）。将左手立起来放在壶嘴下方，以塑造其宽度边界线。将右手食指放在壶嘴边缘的上方，以塑造壶嘴的曲线。进行上述操作时，需确保不要破坏壶嘴的内倾状边缘（图 N）。锋利的口沿可以有效预防壶嘴滴水。待全部工作完成之后，借助割泥线将器型从拉坯机的转盘上切割下来。

分段拉坯法

尽管用一块泥也能拉制出高大的器型，但我发现采用分段拉坯法用力更少，塑造出来的器型更高。正式拉坯之前，先在速写本上绘制出与器型比例尽量一致的草图。每隔 12 cm 画一条水平分隔线。例如，器型的总高度为 91 cm 的话，需要将其分隔成 3 部分。分隔线之间的距离不必完全相等，可以从器型曲线的转折处进行划分。上述工作完成之后，每次拉制一个部分。建议使用拉坯垫板，以便将各个部分从拉坯机的转盘上取下来。

从最下侧的那部分开始拉起。当器型的曲线较复杂或者上部的重量较大时，应将底部塑造得厚一些。拉制该部位的时候，其口沿处的厚度至少要达到 6 cm，以便具有足够的强度及宽度来黏结其他部分。我见过有些制陶者会将底部的边缘拉成微妙的 U 形，以便与其他部位牢固黏结。U 形泥壁会在稍后的过程中被修平，并用于堵塞上下两部分之间的接缝。在将其切割下来并移动之前，必须用加热工具将其底部吹干一些。假如有很多台拉坯机的话，可以在另外一台拉坯机上拉制第二部分，让第一部分自然风干。

用卡规测量第一部分的口径（图 A）。由于第二部分的底径必须与第一部分的口径相匹配，因此必须借助卡尺精确测量其尺寸。我很喜欢盖大师牌（Lid Master）卡规，因为这种卡规可以同时测量出内径及外径的角度。拉制第二部分时，尽量将其拉至最大高度。将第二部分黏结到第一部分之后，可以将其拉得更高并精修其口沿。用加热工具将第二部分烘烤至半干状态。之后，将半干的器型从拉坯机的转盘上取下来放在一旁备用。如果此时已经把第一部分从拉坯机的转盘上取下来的话，请将其重新放至拉坯机转盘的正中心。分别在第一部分的口沿和第二部分的底沿上划痕（图 B）。我经常把第二部分翻转过来划痕并涂抹一些泥浆。操作时需确保不破坏其形状。

马克·休伊特（Mark Hewitt） 大瓶子。该瓶子利用分段拉坯法制作。瓶体的总高度为 66 cm，由三部分组合而成。你能猜出其分割位置在哪里吗？

将带有刻痕及泥浆的上下两个部分叠摞在一起，对齐其接口位置（图 C）。有些时候由于拉坯技术不到位，很可能出现一侧口沿较高而另一侧口沿较低的情况。只要保证上下两部分的中心轴一致就没有问题。当二者的中心轴不一致时，需要将第二部分先拆下来，待修正之后再次将其黏结到第一部分。待上下两部分牢固黏结之后，用手指或者肋骨形工具将其接缝部位修整平滑（图 D）。如果从器型外侧可以看到接缝的话，需借助刀子将其修整平滑，如果需要的话，可以在器型内壁上黏结一圈泥条以增强其整体强度。

拉制接缝部位时，我喜欢将其拉得厚一些，如此一来就有足够的黏土堵塞缝隙了。无论是将该部位拉得厚一些还是黏结泥条，其主要目的都是为了增加器型的强度及将接缝部位修整平滑。你可以选用一种最适合的方法来达到上述目的。

将前两个部分黏结到一起之后，接下来要做的是拉制最上侧那个部分（图 E）。第一次提泥时泥块会因厚度不同而出现晃动现象。在理想的情况下，可以将顶部的厚度塑造得和底部的厚度完全相同。修整其口沿（图 F）。

待器型达到半干状态之后，可以将其接缝部位厚度不均处修整一下。修坯时务必小心操作，不要把过多的黏土旋切掉，进而削弱整个器型的强度。可以把器型翻转过来，并为其修出底足。在修坯的过程中必须用泥条将器型固定好，以防止其倾倒。

将泥条成型法和拉坯成型法结合在一起

许多传统制陶方法在制作大型器皿时，会将泥条成型法与拉坯成型法结合在一起使用。首先，拉出器型的最底部，类似于前文介绍的分段拉坯法。其次，借助加热工具烘烤该部分的下部，以便其具有足够的强度黏结泥条。再其次，搓一根比中指粗 2 倍的泥条（图 G），并将其黏结在底部器型的口沿上（图 H、图 I）。当你对这种方法更加熟悉之后，可以使用更粗的泥条。用泥板或者敲击成泥板状的泥条拉坯，可以显著提升工作效率和器型的高度（图 J）。随着器型高度不断提升，必须用加热工具烘烤已经成型的部分，以便其具有足够的强度承受来自上方泥条的重量（图 K）。

当你用泥条成型法与拉坯成型法相结合的方式制作出第一个器型之后，借助割泥线将其切成两半，以检测每根

很多陶艺家在制作大型器皿时，会将泥条成型法、拉坯成型法及敲击改型法结合在一起使用，塞缪尔·约翰逊（Samuel Johnson）就是其中之一。你也可以将各种方法结合在一起，并从中找出一种最适合自己的方法。

G

H

泥条的过渡部位衔接得是否顺畅。最理想的横截面应该是光滑且均匀的，当器型内壁出现轻微的肌理变化时不必太过担心。假如你对这种情况很不满意，或者器型内壁上的泥条没有完全黏结的话，可以借助拉坯棒来塑造其内部曲线。除此之外，还可以把器型从拉坯机的转盘上取下来之后再用拉坯棒将其内壁修整平滑，实在没办法了再这样做，因为向外顶压器壁会影响到器型的轮廓线。

韩国的翁吉（Onggi）传统制陶法，是将敲击成扁平状的泥条与敲击改型法结合在一起制作泡菜罐。美国陶艺家亚当·费尔德（Adam Field）也用这种方法制作大罐子，下文将详细介绍这种方法。

亚当·费尔德的京畿道风格拉坯法

能否拉制大型器皿已经成为检验年轻制陶者拉坯技术的标准。许多陶艺中心及陶艺专业院校都会举办拉坯比赛，在规定的时间内看哪一位学生能够拉制出更高大的器型。虽然这类活动可以以一种令人兴奋的方式增进学生之间的友谊，但它却掩盖了制作大型陶瓷器皿的悠久历史。许多文化使用大型陶瓷器皿储存谷物及珍贵的香料，或者用它们酿酒。直至今日，韩国仍然保留着传统的翁吉陶器制作法。美国陶艺家亚当·费尔德在韩国学习过翁吉陶器制作法中的京畿道风格，他所在的工作室至今为止历经了七代人。亚当谈到他的求学经历时说道:“在我 10 个月的学徒生涯中，我学习了所有传统制陶步骤，从手工加工生黏土直到将烧好的器型送到市场上去销售。”下列图片及其注释展示了京畿道风格陶瓷作品的制作方法。你可以试一下，看看将敲击成扁平状的泥条与敲击改型法结合在一起能够拉制出多大尺寸的器型。

与制作其他大型器皿一样，在动手之前要先确定器型的比例，这一点极为重要。要确定器型的比例，可以参考京畿道传统风格作品中最常使用的设计原则。可以对其比例做一些改变以满足自己的审美，但在正式动手操作之前一定要先将器型比例的草图画在速写本上。

- 器型的底径和口径相等。
- 底部 1/3 的形状与顶部 1/6 的形状均为直边圆锥形。
- 两个圆锥形之间的部位可以是任意弧度的球体。

首先，根据器型底板所需的用泥量准备足够的黏土。京畿道风格陶瓷作品的最佳坯料是适用于制作雕塑作品的含沙量适中的陶器坯料。坯料应具有一定的硬度，不能过于柔软。制作第一个器型时，从 0.9~1.4 kg 的泥块开始做起。在转盘的表面撒一层高岭土粉末，以便器型完成后将其取下来。借助木陶拍将泥块拍打成薄泥板。一边转动转盘一边拍打泥板，直至其厚度达到理想状态为止。借助工具将泥板旋切成你想要的直径。在旋切底板的过程中，转盘的转速需适宜。制作翁吉陶器使用的是脚踢式转盘，制陶者在塑造器型的过程中可以前后旋转转盘。制作翁吉陶器时，绝大多数步骤都采用顺时针方向完成，只有使用肋骨形工具时才会采用逆时针方向。虽然传统的方法是同时使用顺时针方向及逆时针方向，但如果你使用的是电动拉坯机的话，则可以尝试只采用一个方向。

在工作室里找一个干净且不吸水的桌面，搓 4 根直径 5 cm，长度 60 cm 的泥条。把泥条放在拉坯机的转盘上，并用陶拍将其拍打至适宜的厚度。然后将泥条垂直放置在已经切好的底板边缘上。在泥条与底板的接合处再放一条与拇指粗细差不多的圆泥条。以顺时针方向旋

翁吉陶器木质脚踢式转盘。照片由艺术家本人提供。

转转盘，将上述 2 根泥条牢牢地旋压到底板上。继续旋压整根泥条，并将其末端连接在一起。制作京畿道风格的作品时，要一根一根叠压泥条，最终塑造出整个器型的轮廓线。翁吉陶器制作法中的其他风格会将多根泥条同时叠摞在一起，且泥条与泥条之间并非垂直放置，预留出来的部位可以将上下 2 根泥条黏结在一起。

接下来，用陶拍将第二根泥条拍打至与第一根泥条相同的厚度，并将其放在第一根泥条的正上方。在转盘的左侧操作，顺时针旋转转盘，将第二根泥条的底部下压至第一根泥条上。用位于器型内侧的右手按压泥条，同时用位于器型外侧的左手支撑住器壁，防止它来回晃动。用上述方法再叠摞 2 根泥条，直至将 4 根泥条全部叠摞在一起为止，将泥条相接处修整平滑。一边以顺时针方向缓慢旋转转盘，一边拍打泥条。右上图中的圆形木陶拍看起来很像门把手，这种形状的陶拍适用于修整器型的内壁。而较长的桨状陶拍则用于修整器型的外壁。器壁在圆形木陶拍及桨形木陶拍的双重敲打下逐渐变薄。先用桨形木陶拍将器型周圈拍打 2 遍，之后用肋骨形工具将器型周圈修整 2 遍。

按照每次叠摞 2 根泥条的节奏重复上述步骤，每添加 2 根泥条就用陶拍修整一下器型的轮廓线。塑形时务必注意器型的原始比例，在塑造较细部位时需格外注意，因为用相同厚度的泥条塑造器型上的较细部位会溢出更多的黏土。在此过程中不需要补水。只有在用肋骨形工具修光其外表面的时候才会用到水。某些时刻需要用加热工具烘烤其底部，以增强器型的稳定性。烘烤器型的时候，不要烘烤其最顶部 10 cm 位置。由于这种方法不会往泥条上涂抹泥浆和划痕，因此需确保其干湿程度适宜，以便能与新添加的泥条牢固黏结。

制作翁吉陶器时，用于修整器型的各式木质陶拍。
照片由艺术家本人提供。

将最后一根泥条叠摞到器型上之后，开始塑造口沿（最顶部 12 cm）并借助陶拍和肋骨形工具修整其外形。当器型的肩部开始变窄时，在该位置塑造口沿。京畿道风格的陶瓷作品带有厚而圆的外敞形口沿。把口沿的顶面修平时可以往上面叠摞更多的泥条。假如你不想把器型叠摞起来烧的话，可以根据自己的喜好为其设计制作一个适宜的口沿。

备选方案：可以用木质肋骨形工具的边缘在器型最宽处压印肌理。少数京畿道风格的作品上带有波浪线或者划痕肌理。亚当 · 费尔德开发了一种独特的装饰方法，他借助雕刻工具将自己设计的图案刻画在瓷罐的外表面。现代几何图形与传统的翁吉陶器造型完美地融合在一起。

亚当・费尔德将泥条与敲击改型法结合在一起制作京畿道风格大陶罐。照片由艺术家本人拍摄。

扁平状大型器皿

诸如盘子之类宽度大于高度的扁平器型，因较大的表面积和优美的线条而显得分外出众。这类器型因其华美的外表面装饰，以及能为食物提供展示的平台在餐桌上极其引人瞩目。拉制扁平状大型器皿时，建议尽可能使用最软的黏土，但同时也要注意离心力与器型的直径成正比。

大盘子特别适合装饰。照片中的这只大盘子是由东福克（East Fork）陶瓷厂生产的，宽大的盘身内部布满了由泥浆拖拽法塑造出来的纹饰。

正如前文中讲述拉制高大器型时提到的那样，拉制扁平状大型器皿时，亦需要制定拉坯方案。将器型的确切比例画在速写本上。想一想口沿的宽度与底足的宽度之间有何种关系。对于盘子来说，口沿的宽度与底足的宽度很可能是一样的；而对于碗及带盖汤锅而言，其口沿的宽度或许要超出底足宽度 10 cm 以上。前文讲述的适用于碗的比例关系亦适用于较大的器型。最重要的原则是底足的宽度不能小于口沿宽度的 1/3。这一原则尤其适用于盛放大量食物且配有汤匙的大型餐具。

拉制扁平状大型器皿时，还需考虑其修坯位置。将底板的预留厚度设置为 6 cm 以上，以便其在拉坯的过程中足以承受来自上部曲线的重量。曲线超出底足越远，所需要的支撑黏土量就越多。待器型达到半干状态之后，再将多余的黏土旋切掉，进而降低整个器型的重量。旋切掉的黏土越多，意味着其成型阶段的黏土使用量越大。一只 46 cm 的碗，修坯后的重量为 3.6 kg，其成型阶段的黏土使用量在 4.3 kg 左右。拉制新器型时，一定要将其重量以及尺寸记录下来，用这种方法可以推算出修坯后成品的适宜重量。

从 4.5 kg 的泥块开始练起。通过将泥块塑造成圆锥形的方式将其置于拉坯机转盘的正中心。持续向下按压圆锥形泥块的顶部，直到其高度达到 5 cm。其宽度要比高度大很多，即便是对于绝大多数其他器型而言，此高度亦属于较低的。

向下按压，将底板的预留厚度设置为 6 cm 以上。在烧制的过程中，底足宽且厚的器型不易变形，所以千万不要把底板压得太薄。觉得力量不够时，可以用拳头压泥（图 A）。用手掌上肉较多的部分压泥时不会留下明显的印迹。开泥，直到底板周圈形成垂直状器壁为止。

用海绵或者肋骨形工具向下推压器型的底板，推压方向从外侧到中心。既可以借助肋骨形工具在底板上压印螺旋形肌理，也可以将其表面修整平滑。无论采用哪种方式，都需至少按压 3 次以上，以确保器型的内部被压紧。

第一次提泥时，接近器型顶部大约 1 cm 处用力稍小一些。这将留下较厚的边缘，厚边将在横向拉坯的过程中逐渐变薄（图 B）。第二次提泥时的手法与前一次相似，但这一次的主要塑造对象是盘子的外轮廓线（图 C）。以某种角度进行第三次提泥，塑造出盘子中心部位的形状。每次提泥之后，用手指或者麂皮布按压盘子的口沿。

用较宽的木质肋骨形工具从口沿到中心按压整个盘子，确保曲线平滑过渡（图 D）。很多制陶者说必须从内到外按压或者必须从外到内按压。就我个人而言，会在带有不同曲线的区域以不同的方向按压（图 E）。盘子拉制完成之前，确保其口沿不是特别薄或者特别锋利（图 F）。可以借助麂皮布将口沿修饰得厚一些、圆一些。正如我之前提到的那样，口沿和底足相对较厚的器型不易变形。

待盘子拉好之后，可以将其口沿修整成葵形或者其他形状。制作葵口时，先把盘子的口沿等分成 6~12 份（任意一个偶数都可以）。份数越多造型越有活力，这将影响人们在使用过程中对器型的感知（图 G）。葵口过于复杂可能会分散进餐者对食物的注意力，而葵口过于简单则难以表达制作者的设计想法。

为盘子捏塑葵口时，需将左手倒放在口沿的下方。先用拇指和食指抵住口沿下侧，然后用右手食指来回摩擦该位置的上部（图 H）。为了使葵口看起来更加干净、光滑，可以往该部位上蘸一些水。继续操作，直到塑造出一整圈葵口为止。让拉坯机缓慢转动，用湿麂皮布将所有锐利的棱边修整平滑（图 I、图 J）。

经验总结

水罐：拉制水罐可以提高制陶者垂直提泥、精修壶嘴，以及塑造把手的能力。从3.6 kg、5.4 kg、7.3 kg，以及9 kg的泥块开始练起，随着你的技能不断提升，逐渐增加泥块的重量。选择一种你感兴趣的器型，并将其比例画在速写本上。日后重复练习时，使用相同重量的泥块，但要换一种新造型。

从3.6 kg的泥块开始练起，尽你所能拉出最高的圆柱形。尽量少用水，借助肋骨形工具修整其内壁和外壁。按照前文讲述的方法在圆柱形上拉壶嘴，最后再给它黏结一个把手。用剩下的泥块再拉一个相同造型的水罐，但新水罐的尺寸要比前一个水罐大一些。你会发现使用5.4 kg、7.3 kg，以及9 kg的泥块拉制出来的水罐太重、使用功能欠佳，但仍然可以通过复制器型的方式学到很多有价值的东西！使用大泥块练习拉坯有一个优点，那就是日后拉制小器型时你会觉得易如反掌。除此之外，它将帮助你发现器型设计方面存在的问题。很多时候，当我在大器型上发现某些缺陷后，日后在制作小器型时就会重新调整设计方案。

花瓶：在此项练习中，分别采用泥条拉坯法和分段拉坯法制作2个相同形状的花瓶。2个花瓶的用泥量均为4.5 kg。我觉得最好的方法是先将花瓶的轮廓线画在速写本上，然后将其水平分隔成若干部分，每个部分的高度为30 cm。如果是第一次尝试拉制大型器皿的话，可能会觉得4.5 kg的泥块很难驾驭，可以适度调整其重量。由于此项练习的目的是尽可能将器型拉高，所以其底径不宜超过25 cm——底径越大，器壁的用泥量越多。提拉器壁时，将其口沿的宽度设置为6 cm以上，以便稍后往其上部黏结新结构。用加热工具将第一个器型的底座部分烘烤一下，然后将其放在一边备用。拉制第二个器型的底座部分，并用加热工具将其底部的3/4位置烘烤至半干状态。

采用泥条拉坯法拉制器型的顶部时，从3.6 kg的泥块开始练起。在一个干净且干燥的桌面上搓一些泥条，其直径至少是中指直径的2倍。为了做一些新的尝试，可以将泥条搓得更粗一些，其横截面可以是圆形的也可以是扁平的带状。搓2根泥条，每根泥条的长度与伸展双臂时的距离相等。将泥条放在之前做好的器型底座上，之后通过按压的方式令二者牢牢地黏结在一起，将接缝部位修整平滑。如果器型的底座部分已经达到半干状态的话，可以通过划痕及涂抹泥浆的方式令其更具黏结性。当单根泥条的长度较短时，可能需要数根泥条首尾相接才能将整圈器壁塑造出来。按照相同的方法把第二根泥条按压到器型上，器型的高度得以提升。在把新添加的泥条拉至其最大高度之前，先用手指将上下2根泥条的接缝部位修整平滑。需要注意的是，器型的顶部添加更多泥条，所以底层器壁的厚度必须大于 6 cm。用加热工具将新添加的部分烘烤一下。按照每次 2 根泥条的节奏塑造器型，直至将所有黏土全部用光为止，以器型的最终高度刚好能放入窑炉内部为宜。其最佳高度为 60 cm。器型塑造好之后，用与修整小器型口沿相同的方法修整其口沿。想一想口沿的角度及厚度会对器型的使用功能造成何种影响。将器型从拉坯机的转盘上切割下来放到一边。

用卡规测量一下之前拉制的器型底座口径。用 3.6 kg 的泥块拉制器型的顶部。开泥，将器型底板的厚度控制在 0.3 cm 以下。如果器型带有底板的话，在将其黏结到底座上之前，需先将底板部分切除，以便能与直径较大的底座完美相接。拉制器型顶部的时候，需确保其直径与底座部分的口径相同。将器型的形状塑造成你想要的样式。在将其从拉坯机的转盘上切割下来之前，先用加热工具烘烤其顶部。把烤好的器型从拉坯机的转盘上取下来，将其放在一边，千万注意别把它碰变形。

黏结上下两部分器型时，必须在黏结面上涂抹一些泥浆并划痕。为了方便划痕，我会将上面那部分倒扣在一块布上。在器型底下垫一块布可以防止它黏在桌面上，除此之外也有利于用陶拍塑造形状。分别在上下两部分器型的黏结面上划痕、涂泥浆，之后将二者牢牢地黏结在一起。用手指或者木质肋骨形工具将内外两侧的接缝处修整平滑。待所有缝隙彻底消失时，器型的顶部也塑造完成了。务必要将所有的缝隙彻底修整平滑，让使用者无法推测出器型的成型方法。假如某些缝隙仍然清晰可见的话，可以通过从器型内侧向外推出多余黏土，稍后再将其修整平滑。假如推压之后也没有多少黏土从缝隙里溢出来的话，可以在其外表面上黏结一根泥条，稍后再将其修整平滑。

将修坯后的器型并排放在一起做比较，看看哪一种成型方法更好。你有没有发现其中一种方法做出来的器型更高大？以你目前的水平来看，在成型的过程中哪一个部分最容易掌控？每个月练习一次，以此来判断你的技能是否在进步。由于黏土是可以回收再利用的，所以当你对器型不满意时可以不烧。

嵌套盘：从 4.5 kg、6.4 kg 和 8.2 kg 的泥块开始练起，拉制 3 只可以嵌套在一起的盘子。从拉坯机的转盘上取下扁平状大型器皿时，其轮廓线很容易变形，因此最好在拉坯垫板上塑造器型。在增加每只盘子的尺寸时，应该尽量保持其比例相同。在正式动手之前，最好先将每只盘子的尺寸和比例画在速写本上。

拉制嵌套盘时，要使用躯干的力量，而不仅仅是手臂的力量。当身上的任何一块肌肉处于紧绷状态

注意事项： 如果在增加器型尺寸时感到有困难的话，可以借助增加因子公式计算出器型的口径及底径。举个例子：一只 4.5 kg 重的盘子，其口径为 36 cm。一只 6.4 kg 重的盘子与一只 4.5 kg 重的盘子相比，前者的用泥量为后者的 1.4 倍。将宽度（36 cm）乘以增加系数（1.4）之后，就可以得出其口径的尺寸（50.4 cm）。

时，你会感觉到泥块的重量似乎也随之加重了。用手掌及前臂的底部开泥更便于施力。将 3 只盘子的口沿塑造成相同的样式。可以为每只盘子塑造一个葵口，以提高对曲线比例的掌控能力。待盘子做好之后修坯。如果你选用的坯料类型极易在烧成的过程中坍塌变形，建议在大盘子底足的正中心处再修一圈直径约为 7 cm 的小圈足。双层圈足有助于增强器型的稳定性。用釉料或者其他方式装饰盘子。

将烧好的盘子叠摞在一起，判断其比例是否相近。重复上述练习，但这一次要更改比例、口沿样式、风格，以及外表面装饰。将它们放在餐桌上试用一下。方便传菜吗？将用泥量缩减至 2.8 kg、3.6 kg 和 4.5 kg 之后，其功能性会更好吗？其颜色能突出食物的美感吗？

佳作欣赏

约翰·维格兰（John Vigeland） 大花瓶。摄影师：蒂姆·巴恩韦尔（Tim Barnwell）。照片由艺术家本人提供。

马克·夏皮罗（Mark Shapiro） 三个椭圆形花瓶。照片由艺术家本人提供。

赖安·格林霍克（Ryan Greenheck） 蓝色蜂蜜盘。照片由艺术家本人提供。

塞缪尔·约翰逊（Samuel Johnson） 带有划痕肌理的高足盘。摄影师：史蒂夫·戴尔蒙德·艾力蒙兹（Steve Diamond Elements）。照片由艺术家本人提供。

肖恩·斯潘格勒（Shawn Spangler）罐子。照片由艺术家本人提供。

凯尔·卡彭特（Kyle Carpenter）盘子。照片由艺术家本人提供。

琳达·西科拉（Linda Sikora）储物罐。摄影师：布莱恩·奥格斯比（Brian Oglesbee）。照片由艺术家本人提供。

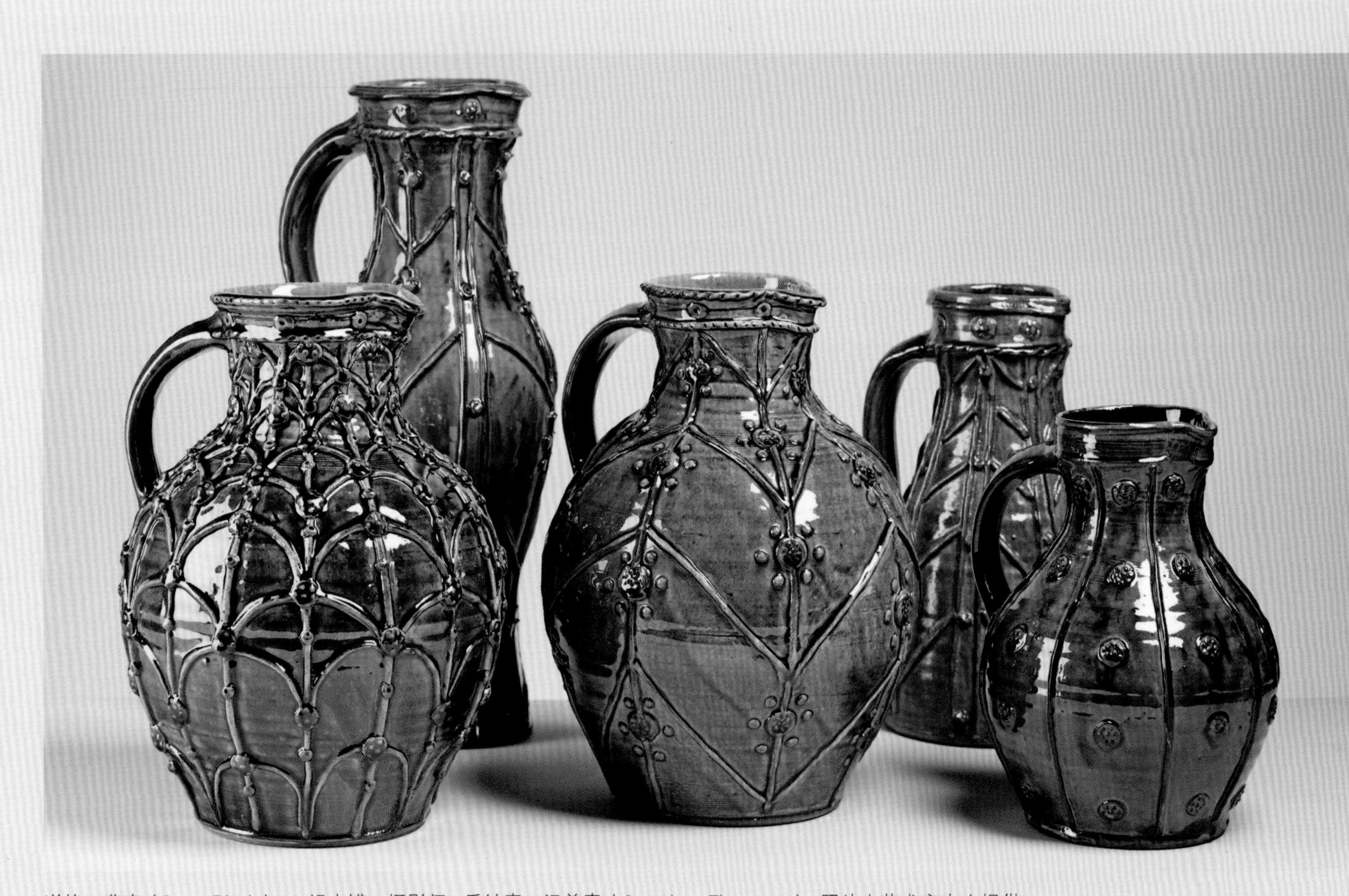

道格·费奇（Doug Fitch）一组水罐。摄影师：乔纳森·汤普森（Jonathan Thompson）。照片由艺术家本人提供。

乔安·布鲁纳·基柯福尔（Joan Bruneau Cinquefoil） 盘子。照片由艺术家本人提供。

凯茜·金（Kathy King） 血、汗、泪。照片由艺术家本人提供。

亚历克斯·马蒂斯（Alex Matisse） 罐子。摄影师：蒂姆·罗宾逊（Tim Robinson）。照片由艺术家本人提供。

马克·休伊特（Mark Hewitt） 7.6 L 的罐子。照片由艺术家本人提供。

阿勒格尼·梅多斯（Alleghany Meadows） 由杯子组成的花卉形雕塑。照片由艺术家本人提供。

第七章：

装饰及修缮

在陶瓷作品的成型、素烧及釉烧阶段，可以采用各种各样的装饰方法。由于素烧及釉烧装饰方法多到足以另写一本新书，所以本书只针对未经烧成的器型，介绍一些最常见、最容易操作的装饰方法。换句话说，本章介绍的装饰方法适用于经过修坯但未经素烧的器型。

在正式讲解装饰方法之前，我想先概述一些装饰形式，这些装饰形式有助于你更好地理解为什么人类如此热衷于装饰。回顾陶瓷发展史，会发现对于陶瓷作品而言，寻找灵感始终占据着极其重要的地位。我曾听过这样一种说法：**"创造力是艺术家的灵感源泉"**，现代艺术家可以借鉴物质文明史上那些已有的成果。我并不主张抄袭历史上的经典作品（尽管这种做法在学习装饰的早期阶段是有一定帮助的），希望你从我们生活的这个时代的集体视觉审美中挖掘创意和灵感。

提及形式一词，让我们先思考一下远古先民是如何通过符号来叙事，或者传达某种文化意义的。借助语言和视觉符号讲故事是不同时代人们传递知识的主要方式。时至今日，叙事仍然是构建以及记录各时代文化的最有效方法之一。叙事在许多文化的经典陶瓷作品上都有出现。其中最著名的例子是希腊双耳瓶上绘制的军事战争场面，以及更富有诗意的陪葬器皿上绘制的动物图案。

除了叙事之外，通过图案、肌理，以及颜色展示自然世界的风采也是陶瓷发展史上一种非常重要的设计形式。有些制陶者会将叙事与上述设计形式结合在一起，使用者可以从中解读出更多信息。例如墨西哥帕坦班的菠萝形陶器，以及土耳其伊兹尼克的花卉形图案。制陶者通过在器型上绘制植物、景观或者地理区域表达自己的审美情趣。

我要介绍的最后一种装饰形式与陶瓷作品的工艺流程有关，即通过釉料或者黏土本身的特性形成一种特殊的装饰效果。例如中国唐三彩作品上由不同釉色流淌交融后形成的图案，日本备前烧作品上由木柴灰烬交错重叠后形成的纹饰。可以将上述种种设计形式应用到你的作品上，并将其作为起点创建出带有个人风格的装饰形式。

肌　理

在拉好的器型外表面刻画肌理能增强其活力及立体感。在本节中，我将介绍四种肌理制作方法：拖拽法、滚压法、压印法，以及贴塑法。在器型的外表面刻画肌理时，坯体的干湿状态非常重要。例如采用拖拽法、滚压法，以及压印法为器型塑造肌理时，坯体的最佳干湿状态为不黏手且具有一定的柔韧性。而对于贴塑法而言，坯体则需干至一定程度，当把模塑出来的部件贴压在器型的外表面上时，器型要能维持其原有形状才好。

莫德·博尔曼（Maud Boleman） 茶壶。壶身的肌理看起来就像是用木头雕刻的一样。黏土的优点之一是可以用它仿制其他材料。

拖拽法和滚压法

可以一边慢慢转动拉坯机一边用工具按压器型的外表面。肌理的深度及其生动性取决于按压的力度。用这种方法可以在器型的外表面上塑造出拖拽状肌理。莫德·博尔曼（Maud Boleman）制作的茶壶外表面上的肌理就是用拖拽法塑造出来的。将带有滚轴的工具从器型的外表面滚过时，会塑造出滚压形肌理。用滚压法塑造出来的肌理仅位于器型的表面，并不会将黏土去除。后文中由桑塞·科布（Sunshine Cobb）设计制作的杯子，杯口上的肌理就是用滚压法塑造出来的。

用拖拽法或者滚压法塑造肌理之前，必须先将要装饰的部位准备好。器型拉好之后，先用橡胶质肋骨形工

具将要装饰的部位修整平滑（图 A）。

接下来，用工具在其外表面塑造一些肌理。一边转动拉坯机，一边用金属质肋骨形工具的边缘按压器型的外表面。将手上下移动可以塑造出一条更加流畅的线条（图 B）。重复按压会形成交叉状线条，层层叠摞的线条会形成某种特殊的肌理。

按压肌理时，需注意外力对器型造成的影响。在瓶子的底部刻画一些肌理之后，在其颈部塑造出同样的肌理。在器型的口沿塑造肌理时，用力稍小一些。摩擦力过大时，器型极易扭转变形，进而出现塌陷现象。

滚压法特别适用于拉坯成型的器型，其原因是肌理本身也是借助拉坯机旋转塑造而成的。可以使用任何一种能够在器型外表面形成肌理的工具、绳子及购买或自制的带有滚轴的工具都能塑造出很美的肌理（图 C）。

用一个已经达到一定干度的器型开始练起，确保指纹不会印在器型的外表面上。一边逐渐提升拉坯机的转速，一边将带有滚轴的工具按压在器型的外表面。肌理立刻就会呈现出来。接下来，将拉坯机的转速调快一些或者从器型内侧向外按压，以突出肌理的深度。使用绳子按压肌理时，需保证器型具有足够的干度，这样待肌理完成之后将绳子从器型的外表面上提起来时，器型不会出现变形问题。左手扶住器型，右手将绳子一圈圈地缠绕在器型的外表面上。

压印法

将带有纹理的物品按压在器型的外表面上可以同时塑造出肌理和图案。可以从陶艺用品商店里购买专门用于压印肌理的图章，但我建议自制一些，可以根据自己的喜好制作出任意一种样式的个性化图章。在日常生活中，收集一些你感兴趣的、带有纹理的物体。比如纽扣、布料或者塑料玩具。虽然也可以将带有纹理的物品直接压印到器型的外表面上，但我发现用黏土做的图章更好用，其原因是黏土不易黏结在器型的外表面上。

自制图章时，先擀一块厚度为 1 cm 的泥板，将其周边按压紧致并晾晒至半干状态。将带有纹理的物品按

安迪·肖（Andy Shaw）杯子。艺术家借助图章塑造肌理并改变杯子的形状。带有图章纹饰的杯口充满了生机与活力。

压在泥板的中心部位，泥板周围留白。将按压物取下来时注意不要破坏纹饰的完整性。假如按压物黏在了泥板上，在压印之前，先往泥板上撒一层玉米粉。把压好的泥板素烧一下，然后用它在器型的外表面上压印肌理。制作图章用的泥块要足够大，为了方便抓握，可以在上部做一个小把手。将图章边缘较锋利的棱角清除掉。

用素烧过的图章在器型的外表面上压印肌理。考虑每一个印记会对器型的轮廓造成何种影响。采用压印法塑造肌理时需特别注意器型的干湿状态。在半干器型上压印出来的肌理既清晰又准确；在柔软器型上压印出来的肌理并不是特别清晰准确，且会令器型呈现出一种松软感。带有柔软质感的肌理可以突出手工成型的美感，作品也因此具有非常独特的面貌。

在器型的外表面周圈压印肌理时，需计算多少个印记才能将整圈器型全部覆盖。可以借助软尺精确测量其周长，也可以通过反复试验的方法慢慢摸索。先在器型上选择一个点，然后围绕该点压印肌理。如果想以垂直方向压印肌理的话，建议从器型的底部开始做起。从下往上压印肌理有利于及时纠正错位的纹饰。

注意事项：除了图章之外，还可以用带有纹理的布料或者其他纹理较轻的材料在器型的外表面上压印肌理。采用这种方法可以在器型的某个特定区域塑造出肌理，而其他区域仍然是平滑的状态。参阅前文有关改造器型的章节，在器型一侧压印肌理，让肌理部位与平滑部位形成鲜明的对比效果。

贴塑法

将黏土按压进模型中，进而塑造出某种形状的装饰部件。和压印法一样，贴塑法亦能为平整光滑的拉坯器型增添一份装饰性和立体感。

贴塑模具的制作方法和前文介绍的图章制作方法非常相似。先在日常生活中收集一些你感兴趣的带有纹理的物体。擀一块厚度为 1 cm 的泥板，将其周边按压紧致并晾晒至接近半干的状态。将带有纹理的物品按压在泥板的中心部位，泥板周围留白。将按压物取下来时注意不要破坏纹饰的完整性。假如按压物黏在了泥板上，在压印之前，先往泥板上撒一层玉米粉。把压好的泥板素烧之后，贴塑模具就做好了。

除了用黏土制作贴塑模具之外，还可以用石膏浇筑贴塑模具，但我发现前者更适用于贴塑法。制作贴塑模具时，一定要注意卡模现象。当肌理较深或者呈某种角度时，少量黏土会困在该部位，进而很难将塑造好的装饰部件从模具中取出来。当你发现模具上带有明显的卡模部位时，必须用电动打磨工具将其处理一下。这将或多或少地改变模型的形状，但并不会影响其整体造型。

现在往素烧过的模具内按压一些黏土。当模具的体量较小时，黏土会从模具的边缘溢出来。如果没有黏土溢出的话，让黏土在模具内干燥几分钟之后再将其取出来。建议将装饰整个器型的所有部件一次性全部压印出来。为了保持其柔软度，可以先用湿纸巾把它们包裹起来，然后放进一个小塑料容器里保存。

将压印好的装饰部件黏结在器型的外表面之前，先在其背面涂抹一些泥浆并划痕。黏结装饰部件时，需遵守“硬碰硬，软碰软”的原则。器型的干湿状态必须与装饰部件的干湿状态相同，对于较干的器型而言，必须同时在其外表面及装饰部件的背部涂抹大量泥浆并划痕；而对于较湿的器型而言，泥浆的使用量可以少一些，划痕的深度可以浅一些。除此之外，还需要注意装饰部件的尺寸。当其尺寸较大时，必须将其弯曲成一定的弧度之后才能与器型的轮廓线相吻合，这就需要在器型及装饰部件仍具有足够的柔韧性时将二者黏结在一起。往器型的外表面上黏结装饰部件时，尽量不要弄脏其周围区域。想要彻底掌握贴塑法是需要投入一定的时间和精力的，但一旦掌握了之后就可以创作出非常独特的作品。

可以用石膏或者经过素烧的黏土制作贴塑模具。建议大家把这两种材料制成的模具都试用一下，不过在此需要提醒各位：石膏模具一旦破损，即便再微小的石膏颗粒混入黏土中也会引发烧成缺陷。因此，倘若工作室内存放着石膏模具的话，要务必小心端拿才能避免出现这类问题。照片由艺术家本人提供。

贴塑法可以在器型的外表面塑造出浅浮雕状装饰肌理。格林·瀚克瑞恩（Ryan Greenheck）将贴塑法及压印法结合在一起，在罐子上塑造出极为丰富的装饰面。

泥 浆

泥浆是把各种陶瓷原料加水调和后呈现出来的状态。在黏结陶瓷器型的时候会用到泥浆，除此之外，泥浆还被用于注浆成型法。泥浆既可以单独使用，也可以往其内部添加某些着色剂之后用于装饰器型的外表面——后者是本节的重点介绍对象。用泥浆装饰器型有两种方案：第一种是用与拉制器型相同的黏土调配泥浆，第二种是按照某个配方配制一种新泥浆。

丽莎・奥尔（Lisa Orr） 杯子。艺术家借助泥浆以多种创造性的方式装饰她的作品。例如先用挤泥浆器在一块布料上绘制纹饰。待泥浆干至一定状态之后，它会变成类似于贴塑部件之类的立体肌理，可以将其从布料上揭起来并粘结在器型的外表面上。你可以在她制作的僧帽杯上看到用这种方法塑造出来的肌理。

用与拉制器型相同的黏土调配泥浆

用与拉制器型相同的黏土调配泥浆时，先擀一块厚度为 0.6 cm 的泥板，之后将其彻底晾干。将干透的泥板放进枕套里并用锤子将其敲击成粉末，此过程必须佩戴口罩。将干泥粉放入一个装有 1/8 水的桶中，静置一小时。注意水的添加量不宜过多，泥浆的理想黏稠度应当和酸奶差不多（图 A）。在此过程中可以随时添加水，但是想把水从中提取出来却要困难得多。加水过多时，可以将泥浆静置大约一天时间，待黏土沉积至桶的底部之后再将上层的水倒出来。为了得到质地均匀的泥浆，可以用电动搅拌机将其彻底搅拌一番（图 B）。

当泥浆内含有较大的沙粒时，需要用 80 目的筛子将其过滤出来（图 C）。不把沙粒过滤出来的话，它会将挤泥浆器的口封堵住。可以用经过过滤的细腻泥浆做挤泥肌理或其他形式的立体肌理。

按照某个配方配制一种新泥浆

按照某个配方配制新泥浆时，需先从网上或者陶瓷书籍资料中查找泥浆配方。确保泥浆的烧成温度与器型的烧成温度相匹配。烧成温度为 10 号测温锥熔点温度的低温泥浆能起到类似于釉料的作用，或者也可能引发鼓包或者起泡之类的烧成问题。

用泥浆装饰器型时，要考虑的主要因素之一是确保泥浆的收缩率与器型的收缩率一致。在绝大多数情况下，由于泥浆的含水量相对较高，所以具有流动性。在器型干燥的过程中，水分蒸发导致黏土颗粒脱水，进而引发器型收缩。在已经干透的器型外表面涂抹含水量较高的泥浆，二者的收缩率不匹配。最理想的状态是让器型与泥浆同步收缩，只有这样泥浆装饰层才不会开裂甚至从器型的外表面脱落下来。泥浆的配方是根据半干、彻底干透或者素烧器型的收缩率而专门设计出来的。将适用

于半干、彻底干透或者素烧器型的泥浆配方做比较可以发现，最前者配方中具有收缩特质的成分比例相对较高。绝大多数泥浆配方都附带使用说明，它会告诉你哪一个阶段将其涂抹在器型的外表面上最适宜，但对于新泥浆配方而言，建议通过实验找出其最佳涂抹时机。

泥浆的含水率过高会令器型过于饱和，进而出现变形坍塌现象。可以通过将泥浆调配得稠一些，并往其内部添加悬浮剂的方式解决。诸如硅酸钠和达范聚偏二氰乙烯短纤维之类的悬浮剂会改变泥浆内部的离子吸引力，减弱黏土粒子之间的摩擦力，进而增强泥浆的流动性。可以通过磁铁解释这一现象，将正负极靠近时，磁铁就会互相吸引；而将相同极靠近时，磁铁就会互相排斥。在泥浆配方中加入悬浮剂之后，所有黏土粒子都具有相同的极，它们之间呈相互排斥状态。添加了悬浮剂的泥浆含水量较少，但流动性极强。这种泥浆特别适用于倾倒法或者浸渍法。

后文列举了一些最基本的泥浆配方，你可以从这些配方开始学起。根据需要选择一种泥浆配方，并按照其调配说明进行配制。

首先，将原料干料混合起来。接下来加水，并将其搅拌至类似于酸奶的浓稠度。用电动搅拌机将泥浆搅拌均匀，同时加入几滴悬浮剂。一边慢慢搅拌一边少量添加悬浮剂，直至其浓稠度达到类似于酸奶的状态为止。需要注意的是，悬浮剂的添加量需适可而止，过量添加时必须再加入更多黏土干粉或者抗絮凝剂。将手指浸入泥浆中，看泥浆能否从手指上迅速流下来，用这种方式检测泥浆的浓稠度是否达到理想状态。当泥浆流动的边缘仍然特别清晰时，必须再多添加一些悬浮剂。调配好的泥浆如在几天之内都不使用的话会出现凝固现象。可以通过适量加水及悬浮剂的方式恢复其流动性。

泥浆配方

皮特·平尼尔（Pete Pinenell）研发的白色低温泥浆配方：烧成温度介于 04 号测温锥 ~1 号测温锥的熔点温度之间。

OM4 球土	40
滑石	40
燧石	10
霞石正长石	10

颜色多变——当烧成温度为 04 号测温锥的熔点温度时，添加等量 3124 号熔块 / 着色剂可以起到提升泥浆装饰层附着力的作用。当烧成温度为 1 号测温锥的熔点温度时，不必添加 3124 号熔块。

乳白色——添加 4% 硅酸锆 +1% 二氧化钛

黄色——添加 6% 钛黄色着色剂 +4% 钒着色剂

天蓝色——添加 10% 天蓝色着色剂

深蓝色——添加 10% 马泽林（Mazerine）着色剂

罗宾·霍珀（Robin Hopper）研发的穆哈晕染泥浆配方：烧成温度介于 04 号测温锥与 10 号测温锥的熔点温度之间。

其最佳浓稠度状若奶油。

球土	75
高岭土	10
长石	5
硅	10

阿尼（Arnie）研发的鱼酱泥浆配方：烧成温度为 10 号测温锥的熔点温度。这种泥浆装饰层的厚度可以很厚。

戈罗莱格（Grolleg）牌高岭土	44
燧石	16
明斯帕（Minspar）牌或者其他品牌钠长石	24
叶蜡石或者帕罗拖（Pyrotrol）牌水铝硅酸盐	7
膨润土	9

往器型的外表面倾倒、浸渍、涂抹或喷泥浆

把泥浆覆盖到器型外表面上的方法有很多种，其中最流行的方法是以下四种：倾倒、浸渍、涂抹、喷。选择哪一种方法取决于你想投入多少时间，以及想令器型呈现出什么样的装饰效果。

把泥浆倾倒在器型的外表面的方法速度最快，所形成的泥浆装饰层最均匀。经过长时间的练习之后，可以得到厚度非常均匀的泥浆装饰层。用添加了悬浮剂的泥浆装饰器型的外表面时，可以利用重力对泥浆的影响塑造出极其有趣的纹饰。把泥浆倾倒在器型上带有肌理的部位时，肌理顶部与肌理底部呈现出来的装饰效果是不同的。把器型浸入泥浆中，可以在很短的时间内形成泥浆装饰层，浸渍法亦可以利用重力对泥浆的影响塑造出极其有趣的纹饰。

从达到半干状态且已经经过修坯处理的器型开始练起。用泥浆装饰器型的内表面时，可以把泥浆直接倒入其内部。把器型旋转一番，让泥浆充分接触其内部的每一寸区域，之后把多余的泥浆倒出来，尽量不要让泥浆黏到器型的外表面上（图 D）。出现这种问题时，可以用海绵将黏到器型外表面上的泥浆趁湿擦干净。将浸过泥浆的器型再次晾晒至半干状态。

用泥浆装饰器型的外表面时，需将器型倒扣过来并浸入泥浆中（图 E）。务必保证器型垂直浸入，这样做时，器型内部的空气会阻止泥浆进入器型的内部。将器型从泥浆内取出来之后，将其翻转过来并轻轻摇晃一番，以便让淤积在器型口沿处的泥浆流下来（图 F）。器型口沿处淤积泥浆时，该部位看上去会很厚。用釉下彩或者刮擦方法装饰其外表面之前，需将器型先晾晒至半干状态。

往器型的外表面上涂抹泥浆速度相对较慢，但与其他方法相比而言，更容易控制其装饰效果。可以在器型外表面的任意位置涂抹泥浆。用笔涂抹泥浆时会留下清

晰的笔触，建议利用这些笔触塑造出某种微妙的装饰性纹饰。用日本出品的大号鳕鱼牌毛笔往器型的外表面刷两层泥浆，所形成的泥浆装饰层厚度十分适宜，其外观看上去颇像器型本身的表皮。

如果你的工作室里有配备着吸尘装置的喷釉房，还可以将泥浆喷到器型的外表面上。诸如椭圆形大盘子和其他不适合倾倒或者浸渍的器型，往其外表面上喷泥浆是个不错的办法。喷泥浆时很难判断泥浆层的厚度。一般来讲，需至少喷两层才能将器型的外表面彻底覆盖。喷泥浆时必须佩戴防尘面具。

用上述方法往器型的外表面覆盖泥浆时，需要注意器型本身的干湿状态。绝大多数泥浆适用于半干状态的器型，泥浆会在10~30秒的时间内渗入器型的外表面。而对于彻底干透的器型及经过素烧的器型而言，泥浆则会在顷刻之间渗入器型的外表面。可以把施泥浆的方法调整一下，以便在最短的时间内获得最均匀的涂层。

D

E

F

赤陶泥浆

赤陶泥浆（亦称封面泥浆）是一种专门为器型着色及封堵器型外表面上孔洞的泥浆。尽管传统赤陶泥浆的烧成温度为低温，但当涂层的厚度较薄时亦适用于所有烧成温度的器型，这种泥浆具有突出器型外表面肌理的功能。由于赤陶泥浆的黏土粒子极其微小，所以它能将由粗质陶泥坯料制作的器型外表面的孔洞全部封堵住。把赤陶泥浆涂抹到彻底干透或者半干状态的器型外表面，并用软布抛光，泥浆层会呈现出轻微的光泽度。由于经过抛光处理的泥浆层具有防水功能，所以可以用它封堵诸如底足之类不能施釉的部位。下文的赤陶泥浆配方是由皮特·平尼尔（Pete Pinenell）研发的，我将详细介绍其制备过程中需要注意的事项。

皮特·平尼尔研发的赤陶泥浆

首先，在一个 19 L 的桶里放入 12.7 kg（或者 13 L）水。其次，将 6.35 kg 黏土干粉倒入水中。XX 型赤陶泥浆适用于装饰白色器型，Redart 型赤陶泥浆适用于装饰红色器型。再其次，添加足够量的硅酸钠（几茶匙）。调配 Redart 型赤陶泥浆时，需添加 2 茶匙硅酸钠及 1 茶匙纯碱。将其搅拌均匀之后静置一夜。对于可塑性较差的红色黏土（如 Redart 黏土或耐火黏土）而言，其静置时间可能只需要 6~8 小时；而对于可塑性较强的黏土（如 XX 匣钵黏土或 OM4 球土）而言，其静置时间则需要 48 小时。最后，借助虹吸法将黏土沉积物的上半部分吸出来，这部分泥浆是我们想要的赤陶泥浆。把剩下来的黏土沉积物全部倒掉，不要回收。

当赤陶泥浆的比重为 1.15 时品质最佳。适用于装饰陶瓷器型的赤陶泥浆比重范围介于 1.1~1.2。将 100 g 水与 100 g 赤陶泥浆的体积做一对比，由此得出后者的比重。将赤陶泥浆的重量除以 100。太稀时把水蒸发掉一些；太稠时延长其静置时间。赤陶泥浆适用于装饰彻底干透的素坯及黄陶制品。采用擦拭法装饰经过素烧的器型时，赤陶泥浆的配方为 1 份焦硼酸钠 +1 份着色剂，在器型的外表面上薄薄地涂一层赤陶泥浆，之后用软布抛光其外表面。这种方法特别适用于带有肌理的部位。

为 1 杯量的赤陶泥浆添加着色剂：

白色 =1 茶匙锌或者锡

灰白色 =1 茶匙二氧化钛

绿色 =K 茶匙氧化铬

蓝色 =K 茶匙碳酸钴

黑色 =1 茶匙黑色着色剂

紫色 =1 茶匙番红花色着色剂

借助球磨机调配赤陶泥浆

在我读研究生一年级的时候，发现用球磨机调配出来的赤陶泥浆浓稠度更加均匀，抛光后的光泽度更好，且用机械代替手工后生产效率也更高。球磨机的滚筒内放有钢球或者瓷球，高速旋转时会将原料干粉或者泥浆中的黏土粒子研磨至极其微小的尺寸。如果没有球磨机的话，可以按照数据火（DigitalFire）研究实验室提供的资料自制一台或者从网上购买一台。

将所需原料全部准备好之后，第一步是测量球磨机的容量。接下来，将赤陶泥浆的配方分好。研磨时间取决于黏土的类型。粒径范围较短的粗质黏土（如 Redart 黏土）与粒径范围较宽的黏土（如 OM4 球土）相比，前者的研磨时间更长。由于赤陶泥浆是由极其微小的黏土粒子构成的，所以研磨的最终目标是增加微小粒子的数量。借助球磨机调配赤陶泥浆虽然可以显著提高生产效率，但过度研磨也会引发一系列问题（泥浆装饰层的收缩率与器型的收缩率不匹配、抛光后无法呈现光泽等）。

珍现特·德布斯（Janet Deboos） 盖罐。照片由艺术家本人提供。

过度研磨的黏土粒子呈糊状，无法使用。我认为这是由于黏土粒子失去了它的六角形结构。研磨的目的只是为了将其尺寸减小一些，而不是破坏其原有结构。

调配 Redart 型赤陶泥浆时，先将黏土、水及悬浮剂放入球磨机内研磨 12 小时。之后把混合物从球磨机里倒出来，并放入一个透明容器里。静置 6 小时之后，将混合物的溶液吸出一部分。将沉积在容器底部的那层污泥倒掉。如果只想要最细的黏土粒子（用这种黏土粒子装饰器型时，抛光后的光泽度更好），可以再将其静置 6 小时。当赤陶泥浆的比重介于 1.15~1.18 时，抛光后的光泽度最理想，为了达到这一目的，有些时候需要把泥浆内的水分蒸发掉一些，或者再适度添加一些水进去。

调配深褐红色赤陶泥浆时，我会往其配方内添加一些番红花色着色剂，添加量为每杯赤陶泥浆添加 1 茶匙。番红花色着色剂是一种微溶性硫酸铁。某天我为了让颜色更加鲜亮一些，在赤陶泥浆配方内添加了 3 茶匙番红花色着色剂，我以为其呈色必定会是原来的 3 倍。不幸的是，溶液因过饱和而失去其抛光性能。我思考了原因，一定是因为在赤陶泥浆中加入了粗质金属粒子所导致的。往每杯赤陶泥浆中添加 1 茶匙高铁 / 重金属着色剂就足够了。将深褐红色赤陶泥浆涂抹在半干状态的器型外表面上，每涂 2 层抛一次光。只要其比重范围适宜，就可以呈现出极好的光泽度。深褐红色赤陶泥浆非常适合抛光。在垂直的器壁上或者在器型的底足上涂抹深褐红色赤陶泥浆，经过抛光后，该部位具有防水功能。

用球形挤泥器或者袋形挤奶油器挤泥浆

借助挤泥器挤泥浆可以在器型的外表面塑造出凸起状肌理，十分快捷简便。与本章前面介绍的各种方法不同，用挤泥器挤泥浆并不会把器型的外表面全部覆盖起来。这种方法适用于在器型的某个特定部位做装饰或者绘制纹样。最常使用的挤泥浆器呈球形，可以从你所在地的陶艺用品商店里购买到，借助这种工具可以在器型的外表面上绘制出线形纹饰。

往挤泥浆器内灌泥浆时，把红色橡胶球挤扁后其内部的空气被压缩出来，之后把挤泥浆器的管口插入泥浆中，泥浆被吸入橡胶球内。将挤泥浆器的管口放在器型的外表面上，挤压并移动橡胶球，泥浆就附着在器型的外表面上了。泥浆的最佳浓稠度与酸奶差不多，但不能往其内部添加悬浮剂（流动性太大）。挤泥浆适用于接近半干状态的器型。在彻底干透或者经过素烧的器型外表面挤泥浆，泥浆肌理会开裂甚至会剥落。

除了可以用球形挤泥浆器挤泥浆之外，还可以用蛋糕店里的袋形挤奶油器挤泥浆（图 G、图 H）。从你所在地的烹饪用品店里买一个带有金属管口的布质挤奶油袋。往奶油袋内倒一些泥浆，其比例约占奶油袋的 2/3，然后将袋子的边缘向下折，以便把袋子密封起来（图 I）。密封袋子有助于增强挤压力，这一点和挤压球形挤泥器的橡胶球同理。

下面用一个五角形盘子演示这种方法。既可以为这种方法专门做一件作品，也可以在任意一件作品上使用这种方法！

先在盘子的 5 个点上分别挤一些短线条状泥浆（图 J）。待泥浆干燥到失去光泽后，用手指朝盘子的中心方向快速划动其表面（图 K）。待泥浆彻底干透后，将划痕部位以外的多余泥浆清除干净。微微凸起的肌理为平板的盘口增强了立体感。可以将此区域作为重点装饰部位，在此基础上再添加一些其他形式的装饰性元素。

G

H

素　烧

本书的介绍重点是各种器型的拉坯方法。除了成型方法之外，我还想简短介绍一下烧成方面的知识，以便于帮助各位读者了解陶瓷器型在制作完成之后还会经历哪些工艺流程。如何为作品施釉及如何烧窑是一个需要制陶者倾尽一生去学习的项目，建议阅读一些诸如由约翰 · 布里特（John Britt）撰写的《高温釉料完全指南》之类的书籍，这类书中详细地解释了各类陶瓷原料在烧制过程中出现的化学变化。

首先，让我们回顾一下第一章中有关黏土状态方面的内容。在制备黏土的过程中，它先从具有可塑性的湿润状态转变为十分脆弱的半干状态，最后又转变为质地细腻的坚硬状态。制备黏土的第一步是将经过研磨的黏土干粉浸入水中消解，以使其最大限度地水合。在经过揉制或者其他方式的处理之后，我们可以用新制备出来的可塑性极强的黏土拉制器型。在干燥的过程中，黏土从半干状态转变为彻底干透状态。我们把干透但未经烧成的陶瓷坯体称为“素坯”。

将素坯放进窑炉中低温烧制之后就变成了素烧坯。“素烧”是指烧成温度超过 800 ℉（1 ℉ =−17 ℃）以上的第一次烧制。与黏土粒子相结合的化学水分会在素烧阶段流失，新生成的黏土粒子十分致密，经过素烧的黏土会失去其可塑性。从技术层面上讲，任何高于 800 ℉的温度都可以被称为素烧，但实际上，绝大多数素烧温度都介于 08~02 号奥顿测温锥的熔点温度范围之间。包括硫及碳之类的很多物质会在素烧阶段被烧尽。对于那些素烧之后仍具有渗水性的器型而言，可以通过浸渍、倾倒、涂抹或者喷洒的方式往其外表面覆盖一层釉料。然后将器型再次放入窑炉内烧制一遍，我们将第二次烧制称为釉烧。下面附上了三份烧成时间表，有助于你了解素烧及釉烧的速度。

烧成时间表

如果窑炉带有电子控温装置的话，下述烧成时间表非常有用。它们亦适用于安装了测温计的旧式窑炉。这些烧成时间表显示了低温陶器的烧成速度。若将烧成尾声时的速度作以调整的话，它们可以适用于各种烧成温度。按照某个新烧成时间表烧窑时，一定要将烧成速度及最终的烧成温度详细记录下来。

表 1　适用于 04 号测温锥熔点温度的素烧时间表

烧成速度	烧成温度（℉）	保温时间
100	200	当器型未完全干透时，其保温时间应超过 8 小时
250	1 000	
150	1 300	
180	1 685	
80	1 940	

容易鼓包 / 起泡的釉料

用下面这个烧成时间表烧窑，可以有效预防透明釉在低温烧成的过程中鼓包 / 起泡。当你使用的釉料配方中含有大量熔块，且深受鼓包 / 起泡问题的困扰时，建议将釉料喷涂得薄一些。如果上述问题仍无法解决的话，可以将烧成温度再降低一些，过烧会引发一系列釉面缺陷。

上述烧成时间表的烧成温度为 03 号测温锥的熔点温度，04 号测温锥的熔点温度有点高。将烧窑尾声的烧成速度放慢一些，可以有效预防各类烧成缺陷。此烧成时间表适用于各种烧成温度范围。从理论上讲，在烧制最后 100 ℉的时候应当以每小时 50 的速度烧窑并保温 1 小时。

表 2 烧成时间表

烧成速度	烧成温度（℉）	保温时间
100	200	
200	950	
125	1 300	
250	1 835	
50	1 925	1 小时
120	200	
175	600	
215	1 940	15 分钟

经验总结

肌理、压印或者贴塑：拉 10 只形状各异的瘦高形杯子，每只杯子的用泥量均为 0.45 kg，有些杯子呈内凹形，有些杯子呈外凸形，有些杯子呈直线形。分别用不同的装饰方法（刻画肌理、压印图案、贴塑立体造型）装饰这 10 只杯子。诸如压印之类的装饰方法适用于接近半干状态的器型；贴塑之类的装饰方法适用于半干状态的器型。这项练习有助于你找到每种方法的最佳操作时间。挑战自己，探索上述方法的无限可能性，确保每一只杯子都是独一无二的。装饰结束后将它们晾晒至半干状态并修坯。素烧之后在其外表面上饰以亮光釉、缎面釉，以及亚光釉。有些肌理会在釉料的影响下呈现圆润状态；而另外一些肌理则会呈现锐利的外观。

用深色黏土制作的器型：从本章介绍的泥浆配方中选一个出来，并将其调配至酸奶一般的黏稠度。在泥浆内添加适量悬浮剂，使其更具流动性。从 10 只杯子中挑选几只并将其浸入泥浆中，看看泥浆会对杯身的肌理造成何种影响。切记不要在杯身内外两侧同时浸泥浆，过度水合会导致杯身软化，极有可能出现变形坍塌现象。在釉面上刮擦一些肌理，以便将黏土本身的深色调暴露出来。按照上文中介绍的素烧及釉烧方式烧制这 10 只杯子。

用泥浆装饰器型：用与制作器型相同的黏土调配一种泥浆。在粉碎黏土干粉的过程中务必佩戴防尘面具，将所有粗质颗粒全部过滤出去，以确保泥浆具有足够的顺滑性。

拉 10 只形状以及比例各异的碗，每只碗的用泥量均为 0.7 kg。将它们晾晒至半干状态并修坯。用本章介绍的挤泥浆法装饰这些碗。泥浆装饰层的厚度以及所使用的挤泥工具均不同。挑战自己，探索挤泥法的无限可能性，确保每一只碗都是独一无二的。此项练习的目的是在 10 只碗上创造出尽可能多的变化。素烧之后釉烧。

请朋友或者家人吃顿饭，试用一下这些碗。有些碗适合盛汤、有些碗适合盛沙拉，尽量让食物与碗形相匹配。在用餐期间，考虑以下问题：

碗上的肌理对突出食物的美感会起到积极作用还是妨碍作用？如果某种肌理对展现食物的美感起到了负面影响，其程度严重吗？

泥浆肌理会影响到碗的使用功能吗？进餐的时候，肌理会不会碰到刀叉？用餐结束后清洗碗时，肌理部位很难清洗干净吗？

将你观察到的情况以及用餐者反馈的信息记录下来，之后再将这项练习重复一遍。这一次的练习重点是制作两套碗，每套 6 只，选用一种泥浆装饰法装饰这些碗。确保泥浆装饰层与碗身牢固黏结，精进你的泥浆装饰技术。

佳作欣赏

迈克尔·亨特（Michael Hunt）、娜奥米·达尔格利什（Naomi Dalglish）碗。碗身上饰以泥浆及透明灰釉，手指滑动装饰层形成了非常独特的纹饰。照片由艺术家本人提供。

堀江文惠　泥浆装饰盘。照片由艺术家本人提供。

乔安·布鲁诺（Joan Bruneau）水罐。照片由艺术家本人提供。

安迪·肖（Andy Shaw）带有图章纹饰的杯子。照片由艺术家本人提供。

乔希·科普斯（Josh Copus）容器。照片由艺术家本人提供。

莎拉·杰格（Sarah Jaeger）水罐。照片由艺术家本人提供。

吉姆·史密斯（Jim Smith）带有水罐和建筑物纹饰的盘子。照片由艺术家本人提供。

凯尼恩·汉森（Kenyon Hansen）带盖水罐和茶碗。照片由艺术家本人提供。

丽萨·奥尔（Lisa Orr） 带有太阳纹饰的盘子。照片由艺术家本人提供。

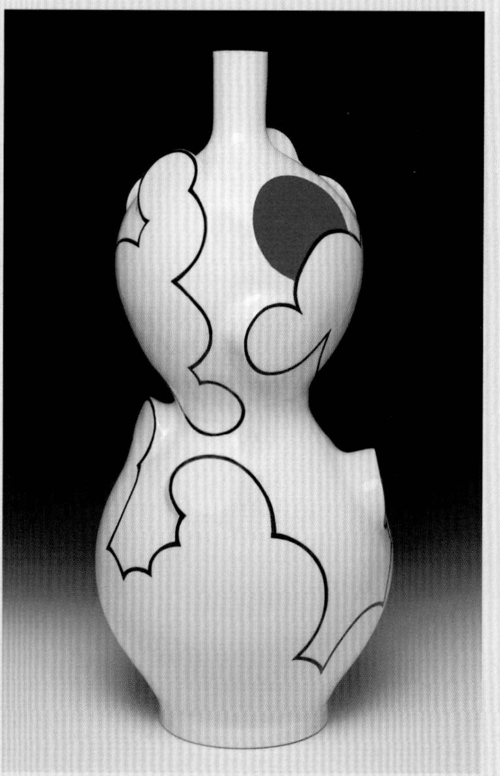
山姆·春（Sam Chung） 云纹花瓶。照片由艺术家本人提供。

苏·蒂雷尔（Sue Tirrell） 带有野兔和狼纹饰的水罐。照片由艺术家本人提供。

肖恩·奥康奈尔（Sean O'Connell） 甜点盘。照片由艺术家本人提供。

凯尔·卡彭特（Kyle Carpenter） 大花瓶。照片由艺术家本人提供。

奈杰尔·鲁道夫（Nigel Rudolph）茶壶。照片由艺术家本人提供。

道格·佩兹曼（Doug Peltzman）餐盘。照片由艺术家本人提供。

克里斯汀·基弗（Kristen Kieffer）带有三叶草纹饰的杯子。照片由艺术家本人提供。

史蒂芬·洛夫（Steven Rolf）茶壶。照片由艺术家本人提供。

桑塞·科布（Sunshine Cobb）碗。照片由艺术家本人提供。

致　谢

首先，我要感谢我的妻子梅丽莎（Melissa），多年以来她坚定地支持我，让我成为更好的艺术家、更好的人。本书能够面世得力于她的语法修养以及渊博学识。特别感谢我的父母及祖父母，他们鼓励我走上陶艺道路，鼓励我成为一名艺术家。感谢卡特（Carter）家族以及布里齐基（Brzycki）家族的深切关爱和大力支持。

向所有为本书奠定基础知识的艺术教育者们表达我无限的感激之情。感谢朱莉·汉密尔顿（Julie Hamilton）、丽莎·斯廷森（Lisa Stinson）、莫德·博勒曼（Maud Boleman）、马特·朗（Matt Long）等各位老师的教学指导。感谢琳达·阿巴克（Linda Arbuckle）敏锐的设计眼光。感激琳达老师向我提出的那些难题，感谢您教会我如何与黏土进行交流。感谢所有前辈老师们回答我的问题，于我对陶瓷的痴迷给予宽容及鼓励。

感谢乔西·马克西（Josh Maxey）、托米·弗兰克（Tommy Frank）、卡西·布兹尔（Cassie Butcher）、克里斯·皮克特（Chris Pickett）、帕崔克·科格林（Patrick Coughlin）、钱德拉·德布斯（Chandra Debuse），以及多年来的诸多其他工作室伙伴，各位与我在工作室里进行的深夜对话丰富了我的生活。非常感谢诸位同伴的才智与幽默。

谨向本书中收录的所有艺术家表示由衷的谢意。感谢各位挑战自己的极限，令陶瓷成为艺术领域如此特殊且重要的组成部分。大家对黏土所持有的创造力和热情将激励我在这条道路上继续走下去。特别感谢克里斯汀·基弗（Kristen Kieffer）、迈克尔·克莱恩（Michael Kline）、茱莉亚·加洛韦（Julia Galloway）、凯尔·卡彭特（Kyle Carpenter）、威尔·卢格斯（Will Ruggles），以及道格拉斯·兰金（Douglas Rankin），各位的优秀作品是我此生学习和奋斗的目标。

衷心感谢奥德赛艺术中心、安德森牧场艺术中心、阿奇布雷基金会，以及其他艺术中心邀请我驻场创作。上述艺术中心的工作人员所付出的时间及精力为我深入探索陶瓷艺术及我的个人成长提供了更加广阔的空间。感激各位为陶艺界同行提供学习以及创作的机会。

最后，我要对本书的编辑托姆·奥赫恩（Thom O'Hearn）在编纂过程中给予的指导及展现出来的耐心和乐观精神表示由衷的感谢。没有他本书不可能出版。特别感谢船夫（Voyageur）出版社给予此书出版的机会，该出版社通过出版相关书籍支持陶艺领域的发展。感谢蒂姆·罗宾森（Tim Robison）、加百利·克莱恩（Gabriel Kline）以奥德赛（Odyssey）三位摄影师为本书拍摄作品照片，感谢各位提供专业摄影棚以及在拍摄的过程中给予帮助。

图书在版编目（CIP）数据

陶瓷拉坯成型法：技法讲解、妙招诀窍、改良拓展 /
[美] 本 · 卡特（Ben Carter）著；王霞译 . —上海：
上海科学技术出版社，2020.1（2023.8 重印）
（灵感工匠系列）
ISBN 978–7–5478–4487–8

Ⅰ. ①陶…　Ⅱ. ①本…　②王…　Ⅲ. ①陶瓷－拉坯－成型　Ⅳ. ① TQ174.6

中国版本图书馆 CIP 数据核字（2019）第 121305 号

灵感工匠系列 8
陶瓷拉坯成型法——技法讲解、妙招诀窍、改良拓展
［美］本 · 卡特（Ben Carter）著
王　霞　译

上海世纪出版（集团）有限公司
上 海 科 学 技 术 出 版 社　出版、发行
（上海市闵行区号景路 159 弄 A 座 9F–10F）
邮政编码 201101　www.sstp.cn
浙江新华印刷技术有限公司印刷
开本 889 × 1194　1/16　印张 12.75
字数 300 千字
2020 年 1 月第 1 版　2023 年 8 月第 2 次印刷
ISBN 978–7–5478–4487–8/J · 54
定价：198.00 元